住房和城乡建设部发布文件：规定建设工程企业重组后资质"继承"条件

日前，住房和城乡建设部下发通知，进一步明确了工程勘察、设计、施工、监理企业及招标代理机构（以下简称"建设工程企业"）重组、合并、分立后涉及资质重新核定办理的有关要求，简化办理程序，方便服务企业。

通知指出，根据有关法律法规和企业资质管理规定，"企业吸收合并、新设合并，企业全资子公司间重组、分立，国有企业改制重组、分立，企业外资退出及企业跨省变更"等7类建设工程企业发生重组、合并、分立等情况申请资质证书的，可按照有关规定简化审批手续，经审核注册资本金和注册人员等指标满足资质标准要求的，直接进行证书变更。在重组、合并、分立等过程中，所涉企业如果注册在两个或以上省（自治区、直辖市）的，经资质转出企业所在省级住房城乡建设行政主管部门同意后，由资质转入企业所在省级住房城乡建设行政主管部门负责初审。

通知明确，上述情形以外的建设工程企业重组、合并、分立，企业申请办理资质的，按照有关规定重新进行核定。企业重组、分立后，一家企业承继原企业某项资质的，其他企业同时申请该项资质时按首次申请办理。内资企业被外商投资企业（含外资企业、中外合资企业、中外合作企业）整体收购或收购部分股权的，按照《外商投资建筑业企业管理规定》、《外商投资建设工程设计企业管理规定》、《外商投资建设工程服务企业管理规定》及《外商投资建设工程设计企业管理规定实施细则》等有关规定核定，变更后的新企业申请原企业原有资质可不提交代表工程业绩材料。

通知要求，发生重组、合并、分立等情况后的企业在申请资质时应提交原企业法律承续或分割情况的说明材料。企业重组、合并、分立等涉及注册资本与实收资本变更的，按照实收资本考核。重组、分立后的企业再申请资质的，应申报重组、分立后承接的工程项目作为代表工程业绩。合并后的新企业再申请资质的，原企业在合并前承接的工程项目可作为代表工程业绩申报。

图书在版编目（CIP）数据

建造师 29 / 《建造师》编委会编.—北京：中国建筑工业出版社，2014.6
ISBN 978-7-112-16950-4

Ⅰ.①建… Ⅱ.①建… Ⅲ.①建筑工程—丛刊 Ⅳ.①TU－55

中国版本图书馆 CIP 数据核字（2014）第 118970 号

主　编：李春敏
责任编辑：曾　威
特邀编辑：李　强　吴　迪

《建造师》编辑部
地址：北京百万庄中国建筑工业出版社
邮编：100037
电话：（010）58934848
传真：（010）58933025
E-mail：jzs_bjb@126.com

建造师 29
《建造师》编委会　编
*
中国建筑工业出版社 出版、发行（北京西郊百万庄）
各地新华书店、建筑书店经销
北京中恒基业印刷有限公司排版
北京同文印刷有限责任公司印刷
*
开本：787×1092 毫米　1/16　印张：8¼　字数：270 千字
2014 年 6 月第一版　　2014 年 6 月第一次印刷
定价：18.00 元
ISBN 978-7-112-16950-4
　　　（25745）

CONT 目

录 NTS

本社书籍可通过以下联系方法购买：

本社地址：北京西郊百万庄

邮政编码：100037

邮购咨询电话：

（010）88369855 或 88369877

《建造师》顾问委员会及编委会

"2014 建造师论坛"在京举办 *

2014 年 4 月 29 日，由中国建筑工业出版社主办的"2014 建造师论坛"在北京新大都饭店圆满举办，这也是中国建筑工业出版社建社 60 周年系列活动之一。本次论坛的主题是"建造师培训及相关制度研讨"，出席论坛的代表包括住房和城乡建设部及省级建造师执业资格管理、注册部门的领导，特邀专家和行业协会负责人，各级培训机构的代表，企业人力资源部门负责人，一级建造师代表以及筑龙网等媒体代表共 120 人。中国建筑工业出版社党委书记张兴野、社长沈元勤、总编辑咸大庆、副总编辑胡永旭以及《建造师》编辑部、执业资格考试中心、建筑施工中心和营销中心的相关人员出席了论坛。论坛由中国建筑工业出版社咸大庆总编辑主持。

本次论坛特别邀请了住房和城乡建设部建筑市场监管司逢宗展处长，住房和城乡建设部执业资格考试注册中心建造师办公室副主任王强，同济大学教授丁士昭，天津大学教授王雪青，一、二级建造师《机电工程管理与实务》主编王清训等专家做专题报告。中国建设教育协会李竹成会长、中国建筑业协会张鲁风副会长、中国建筑业协会建造师分会肖星秘书长也应邀出席了论坛。

中国建筑工业出版社社长沈元勤致开幕辞，向出席论坛的专家学者、各界代表表示感谢。他回顾了一、二级建造师考试大纲及用书以及《建造师》出版的历程，阐述了举办这次活动的目的和意义。随后六个专题演讲精彩纷呈，会场高潮迭起。

住房和城乡建设部建筑市场监管司逢宗展处长做了"建造师执业考试现状及改革设想"的主题报告。逢处长回顾了我国建造师执业资格制度建立、健全的过程，总结了该制度实行以来已经取得的成就，目前在考试、注册、继续教育和执业管理几方面已形成了比较完善的制度，建造师队伍不断壮大，截至目前，一级建造师注册人数达 33 万，二级建造师注册人数达 114 万，队伍整体的素质水平也在不断提高。

建造师执业资格制度现在存在的几个问题：（1）考试制度不太科学，对资格把关不严。（2）建造师注册管理办法不够完善，存在出租、出借资格现象。（3）继续教育体制不顺，培训收费高，考生负担重。（4）执业管理仍需加强，签章制度没有有效执行。

逢处长谈了近期的改革设想：（1）做好一级建造师注册审批的下放工作，在总结试点经验的基础上，抓紧出台相关规定。（2）完善继续教育制度，修订《注册建造师继续教育管理暂行办法》，合理划分职责。（3）强化执业监管，完善执业信息登记制度，加强现场履职的监管，加大违法处罚力度。（4）进一步完善考试制度，及时修订大纲和教材，增加对实践能力的考查，使具备专业知识和实践能力的人能够通过考试。

改革的长远设想是：（1）加强顶层设计，解决深层次问题，进一步研究建造师制度的定位和专业划分。（2）推进立法工作。目前虽然已出台了一些相关的办法和规定，但法律效力较低，处罚力度不够，影响执行和实施。因此

---

* 根据论坛现场录像及录音整理，未经论坛发言者审阅，如有不妥，敬请谅解。

要积极努力，使相关法律早日出台。

住建部执业资格考试注册中心建造师办公室副主任李强的报告题目为："一级建造师考试十年回顾"。李主任首先回顾了执业资格考试制度相关政策和法规的依据和出台过程，之后又对十年来建造师考试工作进行了回顾和总结。近几年来考试人数激增，年均增长近30%，2013年一级建造师考试报名人数突破100万，二级建造师考试报名人数近200万。2014年启用了新的大纲，编写了新教材，考试更加突出对能力和素质的测试。专业实务案例考试的题目向项目实践贴近，宗旨是从实践中来到实践中去。死记硬背的方式已很难通过考试，各年龄段考试通过率比较合理。

同济大学教授、建造师执业资格考试用书编委会主编丁士昭的报告题目为："建造师知识结构分析"。报告中提出建造师的知识结构应该包含组织、管理、经济、技术四大方面，并详细阐述了组织论和项目集的概念及内涵，在比较了国外建造师相关的制度特点和定位之后，反思了我国建造师专业分工过细的弊病，建议建造师考试及继续教育应跟上国际先进管理理念，不断提高我国建造师队伍的水平。

天津大学教授、一级建造师执业资格考试用书《建设工程经济》主编王雪青的报告题目为："建造师的信用体系建设"。报告指出信用体系建设的重要性，它是建筑业发展的客观需要，对建造师信用体系的现状做了数据分析和研究，并介绍了执业信用研究进展，以及注册建造师执业信用评价指标体系如何构建，指出注册建造师信用评价及信用治理机制的研究方向。

中国机械工业建设总公司顾问，一、二级建造师执业资格考试用书《机电工程管理与实务》主编王清训教授的报告题目为："建造师考试用书分析及研究"。报告首先介绍了《专业工程管理与实务》一书新版大纲的修订思路、结构和内容，对新旧大纲进行了对比分析，阐述了《专业工程管理与实务》与三门综合科目之间的相互关系，对学习方法、学习技巧和应试方面提出了建议。

最后，学尔森教育集团的邱四豪先生做了关于"培训学校为建造师创造新价值"的报告，报告在总结培训学校现有价值的基础上，提出要创造新的价值，一是建立企业大学，提供考证和能力提升、继续教育相结合的一站式培训服务。二是建立建造师人才储备库和建造师人才交流对接服务。三是研究人才发展趋势，为行业引进新工艺，培育新一代产业工人队伍。四是培养适应行业发展的新型建造师人才，助推企业转型升级。

下午的会议以讨论的方式进行，中国建筑工业出版社社长沈元勤、副总编辑胡永旭及营销中心主任王雁宾出席了会议，会议由胡永旭主持。筑龙网副总裁迟悦女士首先发言，她说目前筑龙网950万注册会员中有近70%是建造师的目标群体，迟悦女士特别对筑龙网与中国建筑工业出版社的合作进行了介绍，并对双方的合作表示满意。

与会代表发言踊跃，纷纷对培训行业内的现状和发展提出了自己的想法和建议，希望行业能够更加规范、自律、健康、可持续发展。大家一致表示支持使用正版教材，支持出版社打击盗版的行动，同时也对教材的出版和发行工作提出了宝贵建议。随后，王雁宾主任代表出版社宣读了支持正版教材的倡议书，鲁班培训、学尔森、学天教育、建迅教育、中业汇智、中建教育、环球优路、环球网校、五洲教育、南京金陵万国进修学校、湖南同济培训学校、西安匠人等二十多家培训机构分别签署了倡议书。会议气氛热烈，原本定于16时结束的讨论延长了一个小时。最后由中国建筑工业出版社社长沈元勤做了总结发言，对大家关心的问题一一进行了解答，对参会的代表表示感谢，并希望今后与培训机构加强合作，为建设行业人才的培养多做贡献。

建造师知识结构的分析 *

丁士昭

（同济大学，上海 200092）

很高兴能参加这个论坛，论坛的英文单词是 Forum，与 Conference（大会）不一样，论坛应该是提出问题、分析问题和讨论问题，Conference（大会）往往是把政治、经济、科研等方面的决定和成果进行发布和讨论，一般论坛中的观点会在之后通过一个合适的渠道发布，《建造师》就是这样一个渠道。下面我将对大家所关心的建造师的定位、建造师的知识结构等方面谈一些问题，和自己的想法。

大家知道，建造师是英国人首先提出的，在 180 多年以前英国就有了建造师，并经过女王的签署，因此称为皇家特许建造师，美国是步它的后尘，美国建造师实际只有 30 年左右的历史，我国从 2002 年 3 月提出建造师制度，但这个制度的一个关键问题是它的知识结构，即专业人士究竟应该掌握什么知识才能够具备这个资格，这是建造师定位中的一个关键问题。

在建造师的很多知识当中的核心内容之一是组织论，我一直没有忘记 1980 年同济大学选派我到德国去学习，我和我的导师第一次见面，导师问我："你怎么理解组织论？"我回答："我没听说过组织论。"导师说："你的基础知识太差太差了，三个月内你不要跟我谈话，谈话是浪费双方的时间"。导师拿了十几本组织论及相关方面的书，让我回去看。

所以说，组织论对于工程管理非常重要。

在座的很多都是学土木工程的，不懂力学，就无法学结构，因此力学是学结构的基础。而项目管理的母学科是组织论，项目管理就是因为组织复杂而产生的一种新的管理工具，组织论是最重要的，是工程管理重要的知识基础。

2002 年出台了两个与建造师相关的文件，中国建造师考试的大纲就是基于这两个文件形成的。考试大纲中技术知识基本体现在专业科目里；项目管理主要在综合科目里，还有一些施工管理知识是在专业科目里；还有经济方面的内容，综合科目及专业科目里都会涉及。当然还有法律、法规等。考试大纲是根据 2002 年的文件精神来订立的，我们把它总结一下的话，它包括组织、管理、经济、技术这四大方面的知识。在制订考试大纲时我们还讨论过要不要学习会计知识，大家争论很多，后来的结论是还是要的，如果一个建造师连会计报表都看不懂的话，那么他作为项目的主要负责人是不称职的。

组织论是项目管理的母学科，那天我还跟年轻老师和同学们讲，最近亚马逊推出了几本很经典的书，是美国的一些大专家、大权威写的组织论的书，有一本是第十一版，还有一本是第九版，我郑重推荐，是我们搞管理的人应该必备的。组织论中有两条很重要的法则：

第一条是目标决定组织，你看这句话很简

* 根据论坛现场录音整理，如有疏漏敬请谅解。

单，但是很多系统没有遵守这条规律，上海地铁现在已经有了许多条了，编号都将近20了，在1988年启动上海地铁1号线的时候，集中了1000多名工程技术和管理人员，把地铁指挥部分成总指挥、管设计的副总指挥、管施工的副总指挥、管采购的副总指挥，管后勤的副总指挥，看起来满有道理，但有一次会上，我就向指挥部提出，地铁指挥部组织有问题，建议地铁指挥部要重新组建，要改革原来的组织体系。设立管投资的副总，管进度的副总，管质量的副总，整个项目后来的进展就比较顺畅了。

第二条是组织是目标能否实现的决定性因素。有些重大项目工程进展缓慢、质量问题不少、投资目标失控，应仔细分析组织问题。

下面谈另外一个话题，就是一个公司有多个项目，比如上海建工集团，它同时要开很多工地，还有一些大的房地产企业，同时投资了很多项目，这么多项目怎么管理呢，是一个一个管吗？要进行整合，这就涉及"项目集"的概念，即从单个项目管理上升到项目集的管理。现在项目集管理知识在国际上已经普及，但在我国还没有普及，知识要更新，今天我们还停留在单个项目，我们现在在讨论建造师制度的改革，我们的考试大纲能不能在适当的时候把项目集的管理加上去呢？国际上已经在2006年发布了这个标准，到现在已经过去8年了，而我们的考试大纲还停留在单一项目管理。

这么多的项目在同时进行，传统的组织和团队到今天这个时代已经无法适应新情况了，要创新组织，要建立一个项目集。如果在座各位有兴趣的话可以查一下，我查到的国际上已发布的项目集管理图书已经到了第二版了。在我们建设领域当中，这些很重要的知识还没有进行宣传，我们的知识结构要不断地更新，要跟上国际工程实践发展的步伐，在考试方面则要调整大纲，特别是一级建造师考试大纲，我

们的知识结构不要从理论上就败给人家。

常规的多个项目，每个项目一个负责人，这种管理体制是在20世纪六七十年代的情况，中国现在是世界第二大经济体，还是这样行吗？所以我说考试大纲要进步，要反映工程实践的最新成果。项目集管理是这样的，公司领导下面是项目集的领导，项目集经理和我们传统观念中项目经理的任务和责任是不一样的，传统的管理方式中领导发出的是行政指令，而项目集领导发出的是项目集的管理指令，它的职能和责任与单个项目是有区别的，项目集经理要协调项目经理，关注的是一堆项目最终的收益，项目集经理对项目经理是支持，是服务，是指导，所以观念在变化。国际项目集管理标准将近400页，里面说得清清楚楚，由于时间关系，今天就不展开说了。举这个例子是想说，不能总是抱着投资控制、进度控制、质量控制这些几十年前一直讲的知识，要往前走，要与时俱进。

刚才谈到改革的问题，你看现在有建造师、造价工程师、监理工程师、咨询工程师、发改委的投资建设项目管理师等等，英国和美国只有建造师，德国这些"师"都没有，只有一个土木工程师，土木工程师这些都能搞。我国建造师为什么有这么多专业呢？因为各领域代表都要体现自己的独立性。建造师目前有十个专业，要建道路得考个道路专业的，要建机场得考个机场专业的，仅房建专业的教材就超过50万字，考那么多专业让考生怎么学？虽然我们不能简单说建造师是引进国外的，但基本上可以说是从国外来的，人家没有那么多专业，就我们有。所以我的观点是建造师的专业分类一定要减少，最好取消，现在建造师这么多专业不利于资源整合，人为地形成许多工作界面，影响工作效率，虽然说改革有一个逐步推进的过程，但建造师制度的改革我认为还是有很大空间的。⑤

建造师执业资格《专业工程管理与实务》考试用书的学习与研究

王清训

（中国机械工业建设总公司，北京 100045）

注册建造师是以专业技术为依托、以工程项目管理为主业的注册执业人士。注册建造师可以担任建设工程总承包或施工管理的项目负责人，从事法律、行政法规或国务院建设行政主管部门规定的相关业务。建造师执业资格制度的建立，提高了工程施工管理水平，提高了工程质量和安全，为我国拓展国际建筑市场开辟了广阔的道路。本文就建造师执业资格《专业工程管理与实务》考试用书的学习与研究进行探讨。

一、《专业工程管理与实务》新版大纲修订思路，新旧大纲对比分析

2014 年，在第三版大纲的基础上，修订出版了第四版大纲和考试用书。经几次考试并广泛征求意见后，调整结构，增删内容，充实案例，内容更加新颖丰富，知识点更加突出。表现在以下方面：

（1）遵循以"以素质测试为基础，以工程实践内容为主导"的指导思想，坚持"与建造师制度实行的现状相结合，与现行法律法规、规范标准相结合，与当前先进的工程施工技术相结合，与用人企业的实际需求相结合"的修订原则，力求在素质测试的基础上，从工程项目实践出发，重点测试考生解决实际问题的能力。

（2）新大纲在条上一律取消"掌握"、"熟悉"和"了解"，条的顺序按知识的先后逻辑顺序编排。

（3）章、节、目、条也做了较大的修改、调整和补充。第 2 章的管理实务，不再出现"节"这个层次。

（4）大纲修订过程中注意了综合科目与实务科目的衔接平衡，综合科目强调项目管理中不同专业之间的通用性，实务科目强调了专业的特殊性。

（5）体现了运用《建设工程经济》《建设工程项目施工管理》《建设工程法规及相关知识》的基本原理和方法，突出工程项目的施工技术、施工管理、相关法规与标准要求和解决现场实践工作能力。

（6）《管理与实务》考试用书，严格按照经修订的 2014 版《建造师执业资格考试大纲》进行考试用书编写，保证考试用书与考试大纲保持一致。统一案例的体例，分为背景、问题、分析（答案）三部分。更新与新颁布或新修订的法律法规、标准规范相关的内容，且注明法律法规、标准规范的具体名称和发布时间。对原书中的错误、不妥之处进行了更正。

二、《专业工程管理与实务》新大纲结构、内容

（一）《专业工程管理与实务》新大纲的

结构

新大纲共分3章，按章、节、目、条设置。

（二）《专业工程管理与实务》新大纲的内容

1.《专业工程管理与实务》第一章 专业工程技术

专业工程技术是施工技术的专业理论基础，是一级建造师必备的基本专业技术知识。专业工程技术很多，涉及的专业面很广、学科跨度大，本章按照考试大纲要求的知识点，对工程涉及的有关工程常用材料、常用工程设备、工程测量技术、起重技术、焊接技术等必须掌握的专业技术基础知识做了重要的叙述。重点要掌握最基本的专业知识、基本理论、原理、方法和概念，它是施工技术的理论基础。

专业工程施工技术，按分部分项工程从工程实践出发，根据专业组成特点，以实际、实用为出发点，以专业技术理论知识论述的安装方法、技术、要求、规定等知识，结合有关施工质量控制、安全管理要求以及相关的专业法规和施工质量验收规范的要求，提出了各专业工程施工技术要点和要求。

例如建筑工程专业：以地基基础、结构、屋面、装饰装修等四个分部工程为主。

机电工程专业包括：建筑机电工程和工业机电工程。

建筑机电工程以建筑管道、建筑电气、建筑智能化、通风空调、电梯等四个分部工程和消防工程为主；

工业机电工程以机械设备安装、电气安装、工业管道、自动化仪表、防腐、保温、工业炉砌筑七个分部工程和静置设备、动力设备为主。

2.《专业工程管理与实务》第二章 施工项目管理

专业工程项目施工管理是检验应试者解决工程项目管理实际问题能力的重点。本章论述了专业工程项目的组成、特点，各个阶段的任务、作用、相互关联等，以及工程项目及其建设程序，项目管理的任务，施工招标投标管理，合同管理，采购管理，施工组织设计的编制与实施，施工资源管理，施工协调管理，施工进度管理，施工成本管理，施工预算、结算，施工现场职业健康、安全与环境管理，施工质量管理，试运行及竣工验收管理，回访与保修管理等专业工程项目管理知识点。

按照考试大纲要求的知识点，本章每目的内容阐述了相关的项目施工管理知识点，并以案例题形式表述了各个知识点的应用。以案例题形式编写，且每目都列举了若干个案例题。案例题均包括背景、问题、分析答案等部分。其中分析答案是运用了一级建造师执业资格考试科目的《建设工程经济》、《建设工程项目管理》和《建设工程法规及相关知识》的基本理论、原理、方法及法律法规，结合专业施工技术和施工管理知识，紧扣一级建造师执业责任和执业目标要求，在熟练应用施工技术和相关法规知识的基础上，围绕合同管理、质量控制、安全控制、成本控制、进度控制、现场管理和遵守法律、法规等内容提出的要求，解决在工程项目中各阶段管理中遇到的各种问题的能力。

3.《专业工程管理与实务》第三章 施工相关法规与标准

工程项目管理中应遵循的法律法规，在一级建造师执业资格考试的综合考试大纲中，已对《中华人民共和国建筑法》、《中华人民共和国招标投标法》、《中华人民共和国合同法》、《建设工程质量管理条例》、《建设工程安全生产管理条例》等提出了应掌握的要求。除上述法律、法规外，专业工程在本章提出了与专业工程密切相关的法律和条例有关条文的要求，提出了专业工程相关的质量验收规范和标准，提出了一级建造师（机电工程）注册执业管理规定及相关要求。

（三）《专业工程管理与实务》三章之间

的相互关系

这三章的知识均涉及到专业工程技术知识。

"专业工程技术"重点要求掌握专业工程中最基本的专业知识、基本理论、原理、方法和概念。它是"专业工程施工技术"的理论基础。

"专业工程施工技术"是根据工程专业组成特点、施工技术，以实际、实用为出发点，以专业技术理论知识论述的施工方法、技术、要求、规定等知识。它结合了有关施工质量控制、安全管理要求以及相关的专业法规和施工质量验收规范的要求，提出了各专业工程施工技术要点，同时它又为第二章、第三章提供了具有工程专业特色的技术支撑。

案例题在复习时，要在理解建造师执业资格考试科目《建设工程经济》《建设工程施工管理》和《建设工程法规及相关知识》的基础理论知识的基础上，紧扣建造师执业责任和执业目标要求，熟练应用专业工程的施工技术和相关法规知识，结合施工管理的相关要求和现场的管理实践，去分析和回答各个案例题的问题。

三、《专业工程管理与实务》与《建设工程经济》《建设工程施工管理》《建设工程法规及相关知识》的关系

《专业工程管理与实务》与综合科目《建设工程经济》《建设工程施工管理》《建设工程法规及相关知识》的关系是：综合科目《建设工程施工管理》《建设工程法规及相关知识》与《机电工程管理与实务》形成的"三加一"，是专业工程建造师的一套考试用书，是一个有机的整体。三门综合科目考试用书是基础，其中介绍的基本原理、理论、方法、概念等是解决项目管理当中遇到的问题的有力依据，而本考试用书是综合科目考试用书在专业工程项目管理中的具体应用。

明确本考试用书与三门综合科目考试用书之间的关系，应试者应在充分掌握综合考试科目知识的基础上，复习专业工程考试用书列举的工程实际案例，每个案例都提供了对同类问题的分析，可在分析的相关内容中去寻找解决某个背景问题的答案。回答问题时，要求应试者能充分运用综合科目《建设工程经济》《建设工程施工管理》《建设工程法规及相关知识》的基础知识（包括其基本原理、理论、方法、概念等），结合工程的专业特点，以及工程相关的专业施工技术、管理要求、法规和规范的规定等知识，有针对性地解答所提出的问题。

四、学习方法及技巧

（一）考试用书是《考试大纲》考核知识的回答要点

考试用书是根据《考试大纲》编写的，按章、节、目、条的层次叙述了知识的要点，基本是相互独立的知识内容，考生可以根据自己的情况选择复习章、节、目的先后顺序来复习，每一目下的若干条是按知识的先后逻辑顺序编排，建议考试复习时可以目为单元。

为加深对知识点的理解和巩固复习的效果，在复习考试用书的同时，可适当地选择一些习题加以练习。

（二）注意新旧大纲和考试用书的差异

由于2014年是使用的第四版新大纲，考试用书也做了比较大的改变，因此应了解新旧大纲的不同，了解哪些已经删除、哪些已经改变、哪些是增补的。由于大纲取消了知识属性，因此从某种意义上讲，已经没有重点和非重点之分，全书都需要掌握。当然，实际上也是看得出很多重点的。

（三）认真理解每章或每节摘要性质的一些说明

认真理解，便于系统地学习全章内容，特别是新版中增加的内容。

（四）对以前考题进行总结，分析命题的特点

1. 学习要有针对性

在认真阅读教材的基础上，有针对性地结合真题解析，找出一些容易命题的点，通过答案解析，尤其是案例分析题的解析，抓住分析思路和答题要点。

2. 找出命题的特点

根据选择题提问的方式，可能反向提问，因此要顺看和倒看相结合。

易出题的之处：新增内容；扩充内容；有例子的地方；容易对比的地方；可以出计算题的地方。

（五）注意容易与工程实践相结合之处

容易采用小案例的方式命题，包括牵涉一些小计算的地方，对于用书中举例的地方，是为了帮助大家理解相关知识，同时也容易分析案例，甚至一些计算。由于目前的题目越来越灵活，与工程实践结合更加紧密，因此需要特别注意容易与工程实践相结合的地方。

（六）分层次、大层次和小细节兼顾的学习方法

1. 分层次看，大层次和小细节兼顾

不能一本书逐行逐字看到底，先大层次可以增加整体感觉，帮助理解。再看小细节，也就是重要的、关键的地方。

2. 注意找关键词，帮助记忆

根据选择题特点，要多比较、多找干扰项。在采用比较记忆方法时，要记少丢多。注意找关键词，帮助记忆。

五、应试要点

（一）考试题型及时间

建造师执业资格考试的命题依据是专业《考试大纲》，试题形式和数量，均附在各专业《考试大纲》的后面，应试者复习时，首先要研究考试大纲。

按照考试大纲的要求，考试题型为两种类型，即选择题和案例题。选择题中，单选题为20题，多选题为10题。专业管理实务的题型、题量及分值包括：20个单项选择题，4选1，每题1分；10个多项选择题，5选2~4，每题2分；4~5个案例分析题（二级4题，一级5题），每题有4~5个提问，每题20分（一级4、5题30分），总计120分（二级80分），根据考试大纲第二章专业工程管理实务的相关要求，结合工程的特点，要求应试者做出简要的回答。

一级考试时间4小时（二级3小时）。

（二）应试要点

（1）专业科目试卷代码为"4"，将此代码和应考人员信息填涂、填写在答题卡和答题纸的相应栏目内。

（2）选择题按题号在答题卡上将所选选项对应的字母用2B铅笔涂黑。

（3）选择题主要是第一、三章的知识点，一般按书的排序以目为单元均衡出题。单选题20题，每题1分，多选题10题，每题2分，共30题占40分。抓自己熟悉的先答，时间要掌握在一个小时以内做完。注意单选题都要做，切记多选题不要猜。不熟悉的放弃，重点抓案例题。

（4）案例题五大题（二级四大题）。每题包括一般上下不相连的4~5个问题，每个问题有一到两个小问题。回答每个案例题要控制在半小时以内，平均1个问题5分钟左右。对案例的背景要边看边想，不要研究太多时间，会的马上就答，不会的空开一段，可以跳答，实在想不起书上的，凭自己积累的知识回答，不可不答，但答案要符合相关知识、观点正确，不能根据实际随意发挥。

（5）注意问题：要在规定的答题栏中和本题号上做答。卷面字要整齐、清楚、整洁。

每题答案，不得写到装订线之外，不要在

另外题号上作答，否则影响电脑判卷的成绩。计算题必须写出计算步骤，不能只写答案。

（三）答题技巧

1. 单项选择题答题技巧

（1）单项选择题由1个题干和4个备选项组成，备选项中只有1个答案最符合题意，其余3个都是干扰项。

如果选择正确，该题得1分；选择错误不得分。这部分考题大都是考试用书中的基本概念、原理和方法，题目较简单。

（2）单项选择题一般解题方法和答题技巧有以下几种：

①直接选择法，即直接选出正确项。如果应考者对该考点比较熟悉，可采用这个方法，以节约时间。

②间接选择法，即排除法。如正确答案不能直接马上看出，逐个排除不正确的干扰项，最后选出正确答案。

③感觉猜测法。通过排除法仍有2个或3个答案不能确定，甚至4个答案均不能排除，可以凭感觉随机猜测。一般来说，排除的答案越多，猜中的概率越高，千万不要空缺。

④比较法。命题者水平再高，有时了为了凑答案，句子或用词不是那么专业化或显得又太专业化，通过对答案和题干进行研究、分析、比较，可以找出一些陷阱，去除不合理选项，再应用排除法或猜测法选定答案。

2. 项选择题答题技巧

（1）多项选择题由1个题干和5个备选项组成，备选项中至少有2个正确最符合题意选项和1个干扰项，所选正确答案将是2个、3个或4个。

如果应考者所选答案中有错误选项，该题得零分，不倒扣分；如果答案中没有错误选项，但正确选项未全数选出，则选择的每个选项得0.5分；如果答案中没有错误选项，并全数选出正确选项，则该题得2分。

（2）多项选择题的解题方法也可采用直接选择法、排除法、比较法和逻辑推理法，但一定要慎用感觉猜测法。

应考者做多项选择题时，要十分慎重，对正确选项有把握的，可以先选；对没有把握的选项最好不选，宁"缺"勿"滥"。在做题时，应注意多选题至少有2个正确答案，如果已经确定了2个（或以上）正确选项，则对只略有把握的选项，最好不选；如果已经确定的正确选项只有1个，则对略有把握的选项，可以选择。如果对每个选项的正误均无把握，可以使用感觉猜测法，至少可以随机猜选一个，最好也只猜一个，得0.5分的概率会很高。总之，要根据自己对各选项把握的程度合理安排应答策略。

3. 案例题答题技巧

（1）认真阅读背景资料，深入分析背景内容和给出的所有条件。

分析背景材料中内涵的因果关系、逻辑关系、法定关系、表达顺序等各种关系和相关性。所有限定的内容，背景中一般没有废话，每一句话都有所指的。要理解背景中指的是哪个考点。

（2）抓住关键词和要点，注意有问必答，答要所问。

每一个带疑问的地方都要回答，通常都是采分点。字体要端正，易得印象分；案例分析题的答题位置要正确；回答条理要清楚，易得高分；关键词表述准确、语言简洁，把握不准的地方尽量回避，避免画蛇添足。

（3）看清楚有几个问题，不要漏答，回答问题时要符合题意。

每一个问号都是一个采分点，要分别回答，问什么，答什么，不能漏答，否则要失分。回答问题时要符合题意，应把题中给出的条件都用上，不必展开。计算题必须写出计算步骤，不能只写答案。⑧

职业教育为建造师创造新的价值点

邱四豪

（学尔森教育集团，北京 100086）

目前建造业中的各项建设均在有序、有规划地展开。企业也开始战略引资及承接国外的工程建设项目，处于全面开花阶段。建筑行业的精英建造师的培养和考核更是行业发展的重中之重，从其一派繁荣的景象背后，可以窥见技术型、职业化人才的后续匮乏，专业人才与企业无法有效对接等一系列问题。为了能够更好地培养出合格的建造师人才，培训学校应从自身现有的价值为基准，以创造出更高的价值为目标来发展。

一、传统职业教育的价值

1. 提供传统的建造师考前应试培训——满足考证的基本需求

现有的建造师证照考前应试培训分为：①面授培训，课堂教学的培训周期为 8~32 天；②网络培训，视频教学的培训周期为 12 天。作为培训学校，最基础的职能就是通过短期培训，帮助学员成功通过考试、取得证书。

2. 提供行业规范的继续教育培训——满足继续执业的需求

建造师继续教育的培训内容一般按照行业规范来编写，该模式满足了已经上岗但需要执业证书的学员，短时间的继续教育既不会耽误太多学员的工作时间，又可以使学员成功获取执业证书。

二、新型职业教育为企业创造的新价值

1. 利用线上线下资源，建立企业大学，提

供考证和能力提升、继续教育相结合的一站式培训服务

（1）企业大学采用"课堂面授＋现场演练＋网络远程授课"相结合。

由于建设行业的现状存在工程项目地点分散、员工分布分散、生产任务繁杂、时间不固定的特点，采用"课堂面授＋现场演练＋网络远程授课"相结合的多元化混合式教学（O2O）是最佳选择。以学尔森网校为例，网校的口号是"打造中国建设行业终身教育网络平台"。

（2）企业大学可根据企业实际需求和市场环境，适时研发针对性强、有实效的、前沿性专业课程。

企业大学可以采用模块化课程、微课程、碎片化课程等形式，来增加学员的学习兴趣。模块化课程的特点是：可任意拆分、任意组合，满足不同阶段、不同项目对专业技能、管理技能的不同需求。这可使学员更有效率地吸收知识，融会贯通。

2. 建立建造师人才储备库和建造师人才交流对接服务

（1）建立建造师人才大数据库（专业地域文化匹配）。

具有职业证书的建造师人才是业内不可多得的专业型人才，各大建筑企业按照法律规定必须配备有注册建造师才能够承接开展项目。因此要建立强大、详细的建造师人才数据库，培训学校有条件从源头上实现。

（2）开展广泛的人才交流。

社会综合性招聘会中建筑类企业比较少，建造师人才缺乏与建筑类企业面对面交流的机会。要使企业和人才完美对接，除了定期举办大型的人才交流会、小型对接会之外，培训学校更是可以担当起人才猎头的角色，为合作企业推荐优秀的建造师人才。

3. 研究人才发展趋势，助推建造行业永续健康发展

当前，我们面临施工现场作业人员高龄化、劳动力日益短缺的状况。因此为行业引进新工艺，培育新一代一线技能型人才，为建造师培养后续产业工人队伍成为现实之需、当务之急。

首先，培训学校可以为行业引进新的生产工艺、新生产技术、新生产方法，降低劳动强度，改善生产一线产业工人的工作环境。其次，培训学校可为产业工人提供1~3年的全面职业教育，结合学历教育，培育新一代的产业工人。

4. 培养适应行业发展的新型建造师人才，助推企业转型升级

建筑企业的转型升级主要内容是建筑过程的高端化。培训学校应为企业培养适应企业转型的新型建造师人才。比如培养以项目管理为主的建造师，更替目前以施工技术为主的建造师；培养以参与项目施工阶段为主的建造师升级为参与项目开发、项目施工、项目评估等全过程管控的建造师。

同时，培训学校可以将建筑行业的上游的一级土地开发、规划设计，及中游的工程施工、建设监理等产业，与下游的营销、售后服务、物业管理等技术贸易产业进行有效延伸和有机整合，从而达到产业的全面转型升级。

建筑行业的转型升级，必将对培训提出新的、更高的要求。我们如何确定未来的培训路径，才能更好地适应这些需要，更好地为企业、为建造师有针对性地提供新价值，是我们培训学校需要进一步思考和探索，并努力去实践的。⑤

读 者 启 事

中国建筑工业出版社官方微信于2014年5月30日正式上线运行，本微信平台主要有图书信息发布、实时销售、互动交流、出版社介绍等功能，方便读者及时掌握我社新书、重点书的出版上市情况、图书内容及与我社的沟通。

敬请大家扫描下方二维码或添加中国建筑工业出版社微信号：jiangongshe，加关注给予支持，我们将竭诚为您提供优质的产品和热忱的服务。

中国建筑工业出版社
CHINA ARCHITECTURE & BUILDING PRESS

建工社微信号：jiangongshe
扫描加关注，每天有新意

中国建筑工业出版社营销中心

建筑行业职业培训：需求、战略与模式

李转良

（龙本教育（鲁班培训），北京 100037）

职业教育及培训都讲求行业划分，无论是培训需求挖掘、课程开发还是客户渠道建设，都需要在"行业"这个大范畴内去研究、设计、运营。建筑职业培训是工程建设行业教育培训的代名词，我想从建筑职业培训这个相对小一点的视角，结合我们的业务实践，与行业内的人士分享一些思考。

无论是 NGO 性质的行业职业培训组织，还是以赢利为目的的社会培训机构，都应清晰地回答出自己所做事情的价值。由存在价值思考延伸而出的市场价值无非就是满足客户需求、制定合适的战略、建立独特的运营模式。

先说满足客户需求。建筑行业职业培训的大发展方向在哪里？是目前开展得如火如荼的建造师等注册师考前辅导吗？是关键岗位证书还是补偿性学历教育？当大家把主要精力都放在具体学习项目上时，想看清或者说紧跟行业发展趋势就不太容易了，甚至有行业内的培训机构面对竞争日益激烈且混乱不已的建筑培训市场，悲观地认为这个行业已经发展到了无法再进步的程度，该是另选行业求生存了。

但是，我们如果与行业客户有紧密的接触，就会发现客户的需求还处于极其饥渴的状态。持续稳定的需求及有能持续创新的产品就意味着有市场，有一定容量的市场就会发展，有正向发展就必定找对了方向。当大家都把目光旁移时，企业大学、非正式学习、任务学习、学习型组织等，这些术语已经在某些行业和某些领域落地生根，开花结果。甚至在我们工程建设行业也不少见一些秉承现代学习理论、紧跟时代科技进步的组织在学习活动中取得了一定成绩。

行业培训机构目前做的基本上都是应对客户刚性需求的正式学习项目，甚至包括注册师继续教育学习也是政策严控之下的压力式学习活动。而行业内客户的需求已经远远超越了目前的社会服务能力，众多培训机构还在红海里茫无目的地绝望地搏杀。如果大家能进入组织学习的非正式学习的蓝海，紧扣行业组织的学习需求，在学习平台建设、学习资源开发和学习支持这三大学习服务上尽力而为、巧手而为，就一定能做出一篇建筑行业职业培训的华彩文章。

再说战略制订。培训机构是否需要制订战略？如果对"战略"一词感到不适，我们可以将之分解为：机构发展的长远和阶段性目标、机构现有发展资源的理性认知、达成目标的战术谋划。尽管一个培训机构因制订了适宜的战略可能获得较好的发展，但制订战略未必是"做大"诉求下的行为。在现代企业经营理念下，尤其是像建筑行业存在客户地理分布分散、产品递交渠道碎片化、服务要素被放大的现实下，"做大"已经不是唯一选择，"小而强"才是永远的王道，但做强依然需要战略。

目前的建筑培训机构不是没有发展目标，但基本上都是以能做大、挣钱多为目标；不是没有战斗力，但基本上都缺乏谋略。当客户需求挖掘成本逐步提高、产品研发难度和成本高企、消费者因信息阻断而需要更深入教育的情况下，若培训机构决策层只是在电话如何打、展业技巧如何提升、关系营销如何做等战术层面上下苦功夫，必然会掉入边打边看、走到哪儿算哪儿的战略泥潭。

没有目标很可怕，但盲目求大也是目前建筑职业培训机构的常见病。一种是单体机构的求大。一个局部市场设置的一线业务人员少则二三十人，多则上百人，一周时间即可将本地所有客户对象横扫一遍。这样做的结果如何？培训机构可能在一定时期内获得了较高的客户回应及现金流，但客户忠诚度和赢利能力大打折扣，甚至因规模太大而渐行渐微。另一种是连锁经营模式下的求大。建筑培训行业也像财会、司法等行业一样，近七八年来发展起来了几家大型连锁经营机构，这本是顺应市场的好模式，但同样一种模式用错了对象就变成了好看却不中用的模式桎梏。在总部管理团队、研发能力、经营机制尚处于襁褓中时，因求大而去做连锁经营，无论是直营连锁还是加盟连锁，都必然会经历过山车般的艰难历程。

最后说商业模式。经营模式也可称为商业模式，是培训机构在尊重行业职业培训基本规律基础上的战略落地成型、成套的方式。上面提到的连锁经营也是商业模式一种形式下的构成要素，是现代商业普遍采取的经营方式。在目前采取连锁经营的几家大型机构中，基本上完善了市场扩展方式，但收益设计、利益关联设计和战略提升设计还是普遍存在硬伤。

从收益角度看，培训机构普遍采取的是品牌授权、教学资料支持、运营经验分享作价，这是可行的，但问题在于没有将培训机构总部的核心价值挖深，所以也就没有更大的利益回报。尽管大家从事的教育培训行业是服务业，但服务业态之下也要细分产品和服务。产品是可复制的，可简单复制的产品永远都卖不上好价钱。服务是不可复制的，服务的价值最大，价格也应该做上去——相对于连锁总部服务作价普遍偏低而言。当然，服务有价、特色服务更有价的观念在建筑培训行业还不是深入人心，国家对知识产权的保护力度还不大，服务产品著作权化、递交打包化还有很多困难，平台价值未得到认可，连锁总部的价值产出和价值传输还有很长的路要走，更不用说看得见的价格了。

从利益分配设计看，尽管几家大型连锁培训机构也为行业做了很多探索，有些方案已成为行业的通行做法，但依然有大量的问题需要去探讨解决。讲师的授课费随着授课水平的提升一路水涨船高，普遍达到25%以上的比率（费用/销售额），几乎将中小型培训机构的有限利润剥夺殆尽；招生团队或者代理渠道占取了35%以上的销售费用率，如果按照服务行业的销售人员工资等支出视为销售费用会计科目处理惯例，招生费用率则普遍达到50%以上，成本结构严重失衡，支撑机构业务运营的只有屈指可数的现金流和寅吃卯粮的财务支出方式，发展也就谈不上了。

参考其他行业做法，我曾做过建筑培训行业的培训机构成本结构财务建模，理想的结构或许是：项目及教学研发5%，教学实施及支持15%，市场开发10%，招生（销售）30%，管理费用（招生人员基本工资不计入）20%，财务费用5%（不细分纳税人类型），利润25%。

任何成熟的商业体系都是利益格局清晰且平衡的，建筑培训行业大规模高速发展也仅仅经历了不足十年的历程（以建造师考前辅导项目启动为标志），还处于行业整合的前夜（黎明时分？），各利益相关方的分配格局还没有达到理性的状态。行业利益只要还存在严重失衡，行业就一天不得安宁。⑤

国有建筑企业基业长青研究

张云富

（中国建筑第六工程局有限公司，天津 300451）

一、核心竞争力对保证国有建筑企业基业长青的作用

（一）什么是核心竞争力

根据国内外理论界和企业管理专家比较一致的观点，企业核心竞争力指的是：企业把物质力、经济力层面的比较优势要素与企业经营理念、企业价值观、企业道德信任、无形资产、企业哲学等精神范畴的文化力进行整合，形成一种能为顾客带来特别利益，并保障企业在竞争中获得持续性发展的"综合能力"。

核心竞争力包括：核心产品、核心技术、核心业务、核心运营能力，以及具有深层次的社会影响及环境状况、人文状况等。它的本质内涵是让消费者得到真正好于或高于竞争对手的不可替代的价值、产品、服务和文化。其中创新是核心竞争力的灵魂，主导产品（服务）是核心竞争力的精髓。

（二）企业核心竞争力的作用

核心竞争力在企业成长过程中的主要作用表现在：从企业战略角度看，核心竞争力是战略形成中层次最高、最持久的，从而是企业战略的中心主题，它决定了有效的战略活动领域；从企业未来成长角度看，核心竞争力具有打开多种潜在市场、拓展新的行业领域的能力；从企业竞争角度看，核心竞争力是企业持久竞争优势的来源和基础，是企业独树一帜的能力；从企业用户角度看，核心竞争力有助于实现用户最为看重的核心的、基本的和根本的利益，而不是那些一般性的、短期限的好处。

概括而言，我们可以从以下几个方面来认识和理解企业的核心竞争力：核心竞争力是企业竞争优势的根基；核心竞争力是各种技术、技能和知识的有机综合体；核心竞争力的最终目的在于实现顾客所看重的价值；核心竞争力是竞争对手难以模仿的，并具有持久性和可延展性。

二、目前我国国有建筑企业核心竞争力的发展现状与问题

（一）我国建筑企业的发展现状与问题

建筑业作为我国国民经济的支柱产业，为推动国民经济增长和社会全面发展发挥了重要作用。近年来，整个行业呈现平稳上升态势。据国家统计局网站 2013 年 1 月 18 日发布的消息，2012 年全国建筑业总产值 135303 亿元，同比增长 16.2%。全国建筑业房屋建筑施工面积 98.1 亿平方米，同比增长 15.2%。国家统计局日前发布 2013 年前三季度我国经济数据，前三季度国内生产总值 386762 亿元，同比增长 7.7%。数据显示，2013 年前三季度，全国建筑业总产值已突破 10 万亿元，达 101498 亿元，同比增长 19.1%。未来几年我国的基本建设、技术改造、房地产等固定资产投资规模将保持在一个较高的水平，中国建筑市场面临重要的发展机遇。建筑业发展对促进国民经济发展、农村劳动力转移和社会稳定起着无法替代的基础性作用。

中国建筑市场的竞争更加激烈。中国建筑

业改革与发展中尚存在一些突出问题：（1）建筑市场中地方保护依然存在，规避招标、恶意压价、拖欠工程款问题仍然存在。（2）建筑业企业法人治理结构不完善，国有企业产权单一、财务风险突出等问题仍然是制约企业发展的主要因素。（3）企业依靠专有技术和企业标准领先市场的意识还不够强，许多建筑业企业更看重规模、产值，缺乏自主知识产权的专有技术和专利技术，技术竞争优势不强等等。随着国家重点建设项目规模越来越大、技术越来越复杂，对建筑企业的技术水平和管理能力提出了更高的要求。

受经济全球化的影响，中国建筑企业开拓国际市场，参与国际竞争的主动性、积极性日趋增强。中国建筑市场主体之间将出现新一轮结构调整，建筑市场将呈现出新的竞争格局。建筑业正由劳动力密集型竞争逐步向资金密集型、高技术型竞争过渡。

（二）外国建筑企业的发展现状与问题

外国建筑公司一般都具有较强的融资能力和较高的技术装备水平和管理水平，经营范围广，经营机制灵活，可以提供项目前期勘察设计、设备采购、工程施工和经营管理各方面的服务。因此他们将凭借这些优势，千方百计在我国建筑市场争取更多的份额，从而对我国建筑企业构成巨大的挑战和威胁。

（三）我国国有建筑企业核心竞争力的发展现状与问题

核心业务方面：一是技术创新能力不强，这是制约核心竞争力的瓶颈问题。表现在缺乏技术创新的发展战略、环境和激励机制，忽视技术研究开发。二是先进适用的新技术、新工艺、新装备推广力度不大，行业技术装备水平偏低。三是技术研究开发投入不足，企业研究开发缺乏后劲。

核心业务流程方面：一是管理水平不高，尤其缺乏战略管理、经营管理和客户管理的理念和方法，缺乏驾驭市场的决策、应变能力。二是管理链条狭长，多级法人林立，产权结构和产业结构单一，资源分散在各个独立的公司和经营机构中。

核心团队方面：从业人员整体素质较低，缺乏富有创新能力的高素质人才队伍，施工现场劳务层作业人员文化水平普遍较低、技能水平不高，仍然属于劳动力密集型企业范畴。

（四）建筑企业核心竞争力弱的原因分析

（1）我国建筑企业核心竞争力整体水平参差不齐，发展很不平衡，综合实力十分欠缺；

（2）企业普遍存在的一个问题是对技术创新不够重视，忽视对新技术、新产品的研发投入；

（3）现代企业制度建设不完善，利用制度建设核心竞争力的意识不强；

（4）企业文化对核心竞争力的构建支持不够；

（5）企业管理有待加强，管理水平低下；

（6）市场定位不清，对于变化不定的市场以及日新月异的技术来说，显得有些僵滞，因为竞争对手很快就能模仿市场定位，由此产生的竞争优势只能是暂时的。

三、科学构建我国建筑企业核心竞争力的思路和途径

（一）科学构建我国建筑企业核心竞争力的内部途径

1. 制定战略规划

我国建筑行业是劳动密集型行业，按服务功能区分主要有设计、施工、监理、咨询等几类，每年吸纳大量的劳动力。当前由于我国国民经济的快速发展和政府加大对基础设施投资，我国建筑行业迎来了发展的黄金时期。但是，任何产业都具有行业的生命周期，企业目前进入的产业在未来都会逐步走向衰落，企业现有的较强核心竞争力也会随着竞争对手的复制模

仿和市场需求特点的变化而不断被削弱，甚至会从根本上被新的市场需求所淘汰。

Michael Porte 认为："形成战略的实质就是为了对付竞争"，因此，战略可看作是建立对抗市场竞争力量的防护措施或看作是在建筑行业的薄弱地方寻找地位。建筑市场的产品或服务范围是由业主决定的，是一种典型的以需求为导向的买方市场，建筑企业必须及时分析工程承包市场的发展动向，确定本企业产品和服务的市场地位。

建筑企业应清楚地认识到自己的实力，明确所处产业生命周期的阶段性，明确在市场竞争中的地位，从企业发展的全局出发制定出较长时期的总体性的谋划和活动纲领。当企业外部环境和内部条件发生变化时，适时进行战略调整和转移，重新构建自己的核心竞争力。

2. 加强技术创新

改革开放以来，建筑业发生了巨大变化，取得了一批达到国际先进乃至领先水平的科技成果。同时也应当看到，我国建筑业技术创新能力与发达国家相比，还存在较大的差距。

技术一直是企业发展的根本，是企业在行业生存及长久发展的基础，因此技术创新仍是企业立身之本。创新是现代企业获得持续竞争力的源泉，是企业发展战略的核心。企业要想在日趋激烈的市场竞争中占有一席之地，必须从知识经济的要求出发，从市场环境的变化出发，不断进行技术、管理、制度、市场、战略等诸多方面的创新，其中又以技术创新为核心。只有源源不断的技术创新，企业才能不断向市场推出新产品，不断提高产品的知识含量和科技含量，改进生产技术，降低成本，进而提高顾客价值，提高产品的市场竞争力和市场占有率，并适时开拓新的市场领域。跨国公司都非常重视技术创新，设有专门的研发部门，并不断加大对技术创新的投入，以此增强企业的创新能力。

与国外知名企业相比，中国企业普遍存在的一个问题便是对技术创新不够重视，忽视对新技术、新产品的研发投入，在 R&D（研究与开发）方面的投入过低自主创新能力不强，动辄打"价格战"。国内外建设市场竞争日益激烈，行业内过度竞争和收益水平偏低，在市场竞争加剧、投融资管理体制改革和现代建筑市场体系逐步完善的大环境下，建筑业市场淘汰将进一步加速。要在激烈的竞争中生存，进一步致力于成为行业领跑者，建筑企业必须加强技术创新，提高企业的核心竞争力。

技术创新对建筑业发展的促进作用越来越明显，主要体现在以下几个方面：（1）提高建筑业的劳动生产率；（2）提高建筑业的管理水平；（3）优化建筑业结构。

技术创新战略的选择和运用是企业当前技术水平、资金实力和发展战略定位相互协调的结果，由于企业的实际情况千差万别，因此技术创新的定位与发展也不可能完全一样，具体实施时，企业应结合自身实际以及国家利益，在充分考虑技术发展趋势的基础上，有选择地进行技术创新。只有这样，才能推动企业技术水平的不断提高，进而提高企业的核心竞争力。

3. 构建现代企业制度

企业的核心竞争力依附于企业的结构框架，因此企业制度的好坏将直接影响到核心竞争力的构建。现代企业制度是按照"产权清晰、权责明确、政企分开、管理科学"的方针来完善对企业的管理，使企业的利益机制、动力机制、约束机制和发展机制形成一个统一体。这是体现市场经济内在要求、符合现代企业管理内在规律的先进制度，是建立和提升企业核心竞争力的必要条件。

现代建筑企业制度的组成包括三个方面，现代企业产权制度、现代企业组织制度和现代企业管理制度。构建现代企业制度，建筑企业可以从以下几个方面展开工作：

（1）管理创新是企业发展的重要基础。在推进管理创新过程中，必须突出创新这个灵魂，从管理思维、管理制度、管理结构、管理机制等方面入手，创新管理机制，强化企业管理，提高科学管理水平，突破制约增收创效的管理障碍，充分发挥管理在提高竞争力、提高经济效益上的决定性作用。

（2）积极推进管理思维的创新。各种管理组织、制度和行为都是管理思维的外在表现。管理僵化首先表现为管理思维的僵化。从过去重视物的管理转向以人为本的管理，由过去以生产为中心的管理转化为以市场为中心的管理。

（3）致力于夯实企业管理基础。针对管理中存在的突出问题，健全和完善各项规章制度，加强监督检查，彻底改变无章可循、有章不循、违章不究的现象。同时，要加快企业信息化建设，完善信息网络系统，实现办公自动化、数据集成化和决策智能化，提高对项目的远程监控水平，以信息化带动管理现代化，提高管理效率。

（4）积极推进管理结构的创新。建筑企业，要根据企业形态和规模的变化，进行企业管理系统的设计，合理设置内部管理层次和管理幅度，建立集团公司为投资决策中心，子、分公司为利润中心，项目部为成本中心的权责明确的管理体系。要科学设计内部组织管理结构，逐步进行管理层与劳务层分离，组建相对固定、相互独立、相辅相成的项目管理中心和劳务中心，在项目部与劳务公司之间以合同形式组织项目施工。同时，要高起点组建企业治理结构和领导班子，高水平设计企业管理运作机制，高标准构建企业管理体系，高效能监控企业财务收支状况，提高集约管理水平。

（5）切实加强成本管理。全面加强资金管理、质量管理、安全管理和队伍管理，彻底改变管理薄弱、广种薄收的状况，提高经济运行的内在质量。建立有效的企业经营者激励约束机制。积极探索有利于强化企业管理、降低管理成本、提高经济效益的奖惩激动机制。

现代企业制度的核心就是要建立起适应市场的企业制度和经营机制，按照"产权清晰、权责明确、政企分开、管理科学"的方针来完善对企业的管理，使企业的利益机制、动力机制、约束机制和发展机制形成一个统一体。构建现代企业制度，建筑企业要注意抓好以下工作。通过合并和联合的形式扩大规模，组建企业集团，提高分工协作水平，增强竞争力。实行内部资产重组，优化资源配置。推进公司制改造，积极探索多种所有制实现形式，加快产权改革步伐。加强和完善项目管理，逐步形成具有特色的项目管理模式和集团管理体制。

4. 加强人才队伍建设

在知识经济时代，现代企业的竞争归根到底是人才的竞争，更深层次的是知识的竞争。如果一个建筑企业内部变革的速度赶不上外部变革的速度，这个企业就会失去优势并走向衰亡。企业获得一大批优秀的人才，就能激发企业内在的创新能力，为提高企业的核心竞争力注入动力。

5. 养成自身的企业文化

企业文化是企业全体员工所共有的价值体系，它在很大程度上决定了员工的看法及其对环境的反应模式。约翰·科特和詹姆斯·赫斯特在《企业文化与经营业绩》一书中明确指出："企业文化在下一个10年中将成为企业兴衰的关键因素。"不仅如此，企业文化还能保证企业一般员工积极性和知识系统的充分发挥。

随着现代企业制度的建立和市场竞争的日趋激烈，建筑企业间的竞争更多地体现在企业文化内涵等核心竞争力层面上。构筑体现时代特征的建筑企业文化，是迎接经济全球化挑战的必然选择，是提高企业核心竞争力的迫切要求，是建立永续型企业目标的内在要求。

企业文化不仅强化了传统管理的一些功能，而且还具有很多传统管理不能替代的功能，如导向、凝聚、激励、规范等功能，通过这些功能的发挥，可以直接或间接地提升企业核心竞争力。

（二）科学构建我国建筑企业核心竞争力的外部途径

1. 兼并重组

近几年来国际承包商通过兼并、重组使企业综合实力和国际竞争力明显增强。为了应对这种状况，我国建筑施工企业应积极争取政府支持，寻求与设计、监理单位联合或重组的机遇，将自身打造成专业特点突出、技术力量雄厚、国际竞争力强的对外工程承包企业集团。

2. 培育忠诚稳定的客户群

在激烈的市场竞争环境下，良好的客户关系是任何企业生存和发展的关键因素，建筑企业也不例外。建筑企业要实现从以产品为中心向以客户为中心的观念转变，建立有效的客户关系系统，对提高企业的营销能力至关重要。建筑企业应认真搜索、追踪和分析每一个顾客的信息，建立顾客关系数据库，深刻理解工程的信息和顾客的价值取向，为承揽任务创造条件。同时，建筑企业要注重并善于选择最有价值的顾客，并与之建立长期的合作关系，培育忠诚稳定的客户群，提高企业的核心竞争力。

3. 创建良好的企业形象

企业形象是多侧面、多层次的组合，是社会公众对企业的整体印象与评价。尤其是建筑行业在买方市场占据主导地位、竞争日趋激烈的情况下，企业形象直接关系到企业的生存和兴衰。因此，必须不断更新思想观念，改变传统的思维定势，有意识、有目的、主动地去实施企业形象战略。

结合建筑企业的特点，其形象战略的实施除上述途径外还应考虑以下几个方面：

（1）树质量意识，创名牌工程。建筑产品是一种综合性工业产品，其质量的好坏，不仅关系到人民生命财产安全，还关系到企业的信誉，因此质量是企业的生命。"鲁班奖"是国家建筑工程质量的最高奖，它是一种无形资产，是信誉和形象的象征。许多企业正是由于拿了"鲁班奖"提高了声誉，其规模优势不断扩张。因此，树质量意识，创名牌工程，严格按质量管理及质量保证标准进行施工，应作为企业实施形象战略的重要内容。

（2）要把施工现场管理纳入企业形象战略。施工现场既是连接社会和企业的结合部，又是企业管理创新的落脚点。推动施工现场企业形象化管理是建筑企业深化改革、促进发展、强化项目管理的需要。实践证明施工现场管理水平的高低，决定着企业开拓市场的成败。业主在选择承包商时，除在招标、开标前对企业的资质、信誉作大量调查，作为窗口的施工现场也会重点考察，因此现场形象必须在整体上达到一定的水平，以适应竞争的需要。

（3）提高建筑企业素质是实施企业形象战略的关键。企业素质决定企业综合施工能力、管理水平和经济效益。在同等条件下，领导者的政策水平、人格魅力，身体力行的态度就成为相当关键的因素。在与业主和客户的交往中，领导者和企业管理人员的言谈举止、管理风格、专业知识、业务能力、办事效率等往往对承接工程任务有很大的影响。

（4）重合同、守信誉是良好企业形象的重要标志。在工程质量、造价相差无几的情况下，业主更希望与一个讲信用的施工单位打交道。

四、结束语

面对新的形势与挑战，构建核心竞争力是建筑企业拥有竞争优势的必然要求，是国有建筑企业长期生存发展的不竭动力。唯有从实际出发，科学构建核心竞争力，建筑企业才能不断地保持自己的竞争优势，在激烈的市场竞争中不断成长壮大，从而才有可能保证国有建筑企业基业长青。⑤

完全竞争性国有企业收入分配改革之我见

贾宗团

（中建七局设计研究院，郑州 450000）

一、引言

收入分配问题是当今社会人们关注的热点、焦点和难点问题。纵观几千年中国历史，一个王朝兴在分配，衰在分配，覆亡同样在分配。在社会主义初级阶段的中国，改革开放之前，过度的平均主义直接抹杀了广大人民群众的积极性和创造性，导致了共同贫穷。改革开放之后，之所以我国经济社会发展能够发生翻天覆地的变化，很大程度上得益于分配制度改革不断深化。企业的兴衰同样与收入分配体制机制关乎大焉！

完全竞争性国有企业是指那些国家投资建成的、基本上不存在进入与退出障碍、同一产业部门内存在众多企业、企业产品基本上具有同质性和可分性、以利润为经营目标的国有企业。这些国有企业大部分分布在建筑业、加工工业、商业、服务业。它们一般已经按照现代企业制度的规范改造成股份公司，使之成为产权明晰化、产权主体多元化、管理科学化、所有者承担有限责任的法人企业。

之所以讨论完全竞争性国有企业收入分配改革问题，是因为完全竞争性国有企业总体上已经同市场经济相融合，它们必须适应市场化、国际化的新形势，公平参与竞争，提高企业效率，增强企业活力，承担社会责任。同时，它们又属于全民所有，是推进国家现代化、保障人民共同利益的重要力量。从这个意义上说，完全竞争性国有企业和公益性国企、垄断型国企从改革方向和治理方式上还是有很大的不同。

十八届中央委员会第三次全体会议研究了全面深化改革的若干重大问题，作出了《中共中央关于全面深化改革若干重大问题的决定》，其中对于分配制度的改革有很多重要论述。笔者认为，完全竞争性国有企业的分配制度改革更加适用于《决定》的精神。

二、完全竞争性国有企业收入分配存在的主要问题

改革都会牵涉到利益的再分配，使其变得合理。主要要靠合理的制度，并让合适的人强有力地执行下去，把经营搞好，把发展的成果与员工共享，调动他们的积极性。可以引入一些先进的理念与政策，比如员工持股，制定富有竞争力的薪资标准及晋升通道，职位限期制等等，相信这些都实现了，深化分配制度改革的目的也就达到了。国有企业的收入分配，当前还有着员工平均工资递增速度快、行业工资差距不断扩大、经营者年薪与员工平均工资的倍数较高等特点，很多方面为社会所诟病，为企业员工所不满。

国企收入分配问题，一方面旧体制的一些深层次问题还没有从根本上得到解决，另一方面怎么分配的矛盾还比较突出。

（一）分配不公问题比较突出

员工包含了经营管理人员、科技人员、一般员工等从事不同岗位和业务的人员。按个人薪酬收入的高低，可以将他们分成高、中、低三个收入群体。总体来看，国企员工平均工资增长是较快的，但"平均数"掩盖了矛盾，目前主要矛盾集中在"高"、"低"这两头。

从高收入群体来讲，核心问题在于垄断行业。现在收入排名在后的行业都是竞争较充分的行业。我国国企的高收入，并不在像中国建筑（以下简称"中建"）这样的完全竞争性行业。石油、电力等垄断型行业的高收入主要不是来自这个行业人力资本平均水平，也不是来自他们的努力，而是来自于垄断。所以人民群众对于国企高收入的不满也主要集中在垄断行业。

从低收入员工方面，一个是国企非正式职工的收入低。比如中建公司使用的劳务人员、临时聘用人员。这些群体同工不同酬的现象十分严重。另一个是退休职工、下岗职工的收入低。近年发生的不少退休职工、下岗职工的群体性事件，在一定程度上反映了这方面的问题。收入分配不公问题，与收入分配宏观调控没有及时跟上、社会保障体系建设还不完善、企业收入分配制度的改革不到位等方面，是密切相关的。

（二）经营管理者收入水平和按要素分配改革要求相去甚远

国企经营管理者的核心是指领导班子集体。笔者认为现在他们收入偏低。据有关方面对我国大型民企、外企经营者收入的调查，大型民企总经理年薪，低的40多万元，高的200多万元，平均108万元；大型外企由本地中国人任总经理的年薪平均165万元。因此，大体算起来，国企高管的年薪一般只是民企的1/3、外企的1/5，明显偏低。从我们设计研究院来说，主要领导年薪标准2012年度才提升到27万元，而郑州市类似设计院的一个所长年薪就至少有

50万元。笔者认为，从理论上讲，问题的核心在于国企经营者收入高低没有做到按要素分配，理论上还没有真正解决国企经营者收入的依据，实践中还没有建立起与现代企业制度相适应的分配原则和分配机制。

（三）企业分配率较低

从经济学角度讲，分配率是指劳动者的工资总额占GDP的比例，是衡量国民收入初次分配公平与否的重要指标。市场经济成熟国家的分配率一般在54%～65%之间，而我国则在15%～21%之间。本文借用这个概念，用企业的分配率表示企业在一定时期内新创造的价值中有多少比例用于支付人工工资，它反映分配关系和人工工资的投入产出关系。企业分配率的高低决定了企业初次分配亦即一般员工薪酬收入的合理程度。建筑设计行业的分配率基本在30%左右，仍然处在一个较低的水平。值得一提的是，这个30%的分配率还是在建筑设计市场很不完善、设计收费畸低的情况下的比率。从这可以看出，设计师的收入水平还远远不能和他的劳动价值相适应。难怪有人说，中国设计师一年干了西方设计师一辈子的活儿，西方设计师一年挣了中国设计师一辈子的钱。

三、完全竞争性国有企业收入分配改革原则与措施

（一）完全竞争性国有企业收入分配改革的原则

推进完全竞争性国有企业收入分配改革，笔者认为首先要明确以下两个原则：

（1）要坚持改革发展不放松，处理好效率与公平的关系。目前的收入分配问题是改革发展过程中产生的问题，改革中的问题实质是改革不到位产生的，需要用深化改革的办法来解决。发展中的问题实质是发展不够导致的，需要用加快发展的办法来解决。不能因为目前收入分配存在不公、收入差距过大而不改革不

发展，要坚持在做大蛋糕的基础上分好蛋糕，让更多人民群众分享改革发展的成果。

何谓公平？收入分配中的公平是分配尺度、分配过程、分配规则的公平，而不是单纯的结果公平。对个人来说，即使参与分配的机会均等、公平竞争，而实际分配的结果也可能是不均等的。例如，按劳分配，以投入的劳动为尺度分配，多劳多得，少劳少得，必然形成个人收入差距；按投入要素分配，以投入的劳动、资本、土地、经营力为尺度，更会形成个人收入差距。如果抹杀这种差距，追求结果的均等，必然导致平均主义，这恰恰是不平等的表现。

何谓效率？效率概念的基本含义，指的是投入与产出或成本与收益的对比关系。从一般意义上来说，投入或成本就是利用一定的技术生产一定产品所需要的资源，既包括物质资源，又包括人力资源；既包括无形资源，又包括有形资源。产出或收益指的是人们利用一定的技术、投入一定的资源生产出来的能够满足人们需要的或具有一定使用价值的物品或服务，既包括有形的物品，又包括无形的服务。

分配过程中的公平与效率，如何统筹兼顾？党的十八大报告指出："深化收入分配制度改革，必须努力实现居民收入增长和经济发展同步、劳动报酬增长和劳动生产率提高同步，提高居民收入在国民收入分配中的比重，提高劳动报酬在初次分配中的比重。初次分配和再分配都要兼顾效率和公平，再分配更加注重公平。完善劳动、资本、技术、管理等要素按贡献参与分配的初次分配机制，加快健全以税收、社会保障、转移支付为主要手段的再分配调节机制"。

（2）要坚持按劳分配为主体，多种分配方式并存的分配制度，对国企经营者按管理贡献进行分配。十八届三中全会的《决定》中指出："健全资本、知识、技术、管理等由要素

市场决定的报酬机制"。具体到完全竞争性国有企业收入分配上，首先应进一步解放思想，求真务实，实现理论的新突破。这就是一般员工与经营者、科技人员应贯彻不同的分配原则，经营者、科技人员应贯彻按要素分配原则，由要素市场决定。国有企业能否搞好，在很大程度上取决于对经营者能否按他们的管理贡献进行分配。

（二）完全竞争性国有企业收入分配改革的措施

笔者认为，完全竞争性国有企业的收入分配制度应当按照"健全资本、知识、技术、管理等由要素市场决定的报酬机制"的精神进行改革创新，融入中国特色社会主义市场经济体系之中，以市场为指南，最大程度激发企业发展的根本推动力。

1. 加快现代企业制度建设

积极发展混合所有制经济。国有资本、集体资本、非公有资本等交叉持股、相互融合的混合所有制经济，是基本经济制度的重要实现形式，有利于国有资本放大功能、保值增值、提高竞争力，有利于各种所有制资本取长补短、相互促进、共同发展。推动国有企业完善现代企业制度，健全协调运转、有效制衡的公司法人治理结构。建立职业经理人制度，更好发挥企业家作用。深化企业内部管理人员能上能下、员工能进能出、收入能增能减的制度改革。建立长效激励约束机制，探索推进国有企业财务预算等重大信息公开。

允许混合所有制经济实行企业员工持股，形成资本所有者和劳动者利益共同体。完全竞争性国有企业经营者收入分配制度改革的方向与目标是要使他们的收入在企业内部具有合理公正性，在企业外部具有市场竞争性，进而为国企的做强、做大，提高发展质量，实现可持续发展提供坚实的物质激励基础。

2. 规范企业经营者与职工收入的差距合理

改革开放以来，我国对国企经营者与职工收入差距问题做了不少探索。1987年国务院规定这一比例为3~5倍；1996年国务院又讨论过一个不超过8倍的决定，但因分歧过大没有下发文件；1999年当时国务院主要领导提出取消倍数的规定。总的看，对收入差距的控制在政策上是逐步放宽的。这个问题，除进一步对经营者职务消费进行规范管理与实行公开披露，并加大理想、情感方面的教育与引导外，可以一方面考虑加大年金的激励作用，探索把国企经营者现在可以拿的部分收入，后移到他们退休后兑现，建立企业年金制度，使他们不在位的时候靠正常的退休金，也能过上体面的生活；另一方面，探索实施模拟股份制的方法。主要做法是，对管理人员、高端技术人员、骨干员工，或者加上民主推荐与选举的员工代表持有模拟股份，股随岗变，非优即转。实际上是一种岗位股份，参与二次分配。这种办法提高了员工的平均工资，客观上有助于缩小经营者与职工收入差距，同时是一种激励手段，也有效避免了企业一方面出现亏损，一方面经营者拿着高薪，穷庙富方丈的现象。

四、中建七局设计研究院收入分配改革的实践

（一）设计院过去分配制度中存在的问题及分析

1. 没有明确的岗位体系划分

企业的工资分配制度既要科学、规范、合理、有效，又要能充分体现和贯彻"效率优先，兼顾公平"的按劳分配原则。分配制度的设计要做到以客观的劳动价值为基础，最为重要的是对工作岗位做出合理的评价。设计一套切实可行的工资收入分配体系，关键不在于工资制度本身的设计，而在于以劳动成本研究劳动的组合，体现劳动的差别，重要的是对工作岗位做出合理的评价。没有一个合理的岗位评价体系，势必会对分配制度的制定起到很大的制约作用。

2. 薪酬与员工能力、绩效脱节

以往薪酬分配的主要依据多取决于员工的学历、资历和职称等因素，与员工所在岗位、本身素质、能力、绩效关联不大，分配趋向于平均主义。

3. 分配原则单一

对设计人员的分配主要基于工作量，基本体现了按劳分配的原则，但是也容易导致设计人员的短期行为，如"只愿做施工图，不愿做方案"，"肥活抢着干，瘦活绕着走"，长期下去就不利于提升技术竞争力。

（二）设计院在分配制度改革中重点关注的问题

1. 明确岗位体系和职级

设计院属于技术密集型企业，员工的能力素质和业绩贡献跨度大，粗放的分配模式已经不能适应设计院的发展，改革要实现薪酬的细化和动态管理。

2. 按照工作量进行初次分配

员工按设计完成建筑面积为计费依据，方案和施工图分开计算。

3. 二次分配的原则

经营者、技术骨干、优秀员工代表参与二次分配，按照事先确定好的比例进行分红。

（三）分配制度改革的启示

事实证明，薪酬激励对提高企业竞争力有着不容小觑的作用。薪酬激励能从多角度激发员工强烈的工作欲望，成为员工全身心投入工作的主要动力之一。在这个过程中，员工会体验到价值实现和被尊重的喜悦。

分配制度是整个国有企业管理的核心内容之一，涉及企业的发展和员工的切身利益。引进先进的理念和方法，制定符合企业实际的分配体系，才能更好地吸引人才、留住人才，企业才能富有核心竞争力，实现长青、长兴！⑤

对外承包工程中的审计工作

张瑞敏

（中国社会科学院研究生院，北京 100836）

一、概述

对外承包工程是我国实施"走出去"战略的一种重要形式，在促进国内产品出口、对外投资和开发境外资源方面发挥出了重要的带动作用。1978 年，我国企业开始尝试国际化经营，中国建筑工程公司、中国公路桥梁公司和中国土木工程公司成为了最先开展对外承包工程业务的三家公司。截至 1982 年底，我国共批准了 29 家企业进入该领域，业务主要是劳务分包和施工分包，这是我国对外承包工程发展的初始阶段。

之后，对外承包工程在资金规模、业务种类和技术水平等方面稳步发展。国际承包市场竞争日趋激烈，我国企业开始承揽一些比住房、路桥等技术含量更高的项目，与苏联的经济技术合作取得突破性进展后，我国的对外承包工程初步形成多元化市场。20 世纪 90 年代，政府加强了对相关企业的引导，同时，加大了政策支持力度，对外承包工程步入了一个较长时期的快速发展阶段。这一阶段，许多有实力的企业相继加入，公司类型从窗口型为主转为生产领域的实体公司为主，不再局限于专业的中央企业。

新世纪开端，市场多元化继续深入，从传统的亚洲和非洲开始向北美、欧洲等发达国家扩大，承包方式从过去的土建分包逐步向总承包、项目管理、BOT 方式发展，能力得到高度

认可。2008 年下半年爆发的国际金融危机，抑制了全球对外承包工程行业的市场扩张潜力，不过，我国对外承包工程行业在"后危机时代"依靠其之前奠定的比较优势和对主要市场的有效把握，仍然实现了逆势大幅上扬。

多年来，我国的对外承包工程业务从无到有，改变了单一的贸易形式，形成了多元化的市场格局，对外树立了良好形象，取得了显著的经济和社会效益。根据商务部的最新统计，2014 年 1 月，我国对外承包工程业务完成营业额 75.5 亿美元，同比增长 11.6%；新签合同额 139.3 亿美元，同比增长 4.5%。据预测，2014 年中国对外承包工程业务会保持稳步增长，市场格局和份额不会发生太大变化。未来一段时期，伴随我国企业对外市场开拓的多元化深入发展以及政府合作框架下的工程承包业务规模的进一步扩大，对外承包工程在实施"走出去"战略及促进我国经济社会发展方面，将产生更为显著的促进作用。

在看到我国对外承包工程行业的发展成绩的同时，我们也清醒地看到，我国在这一行业领域仍然面临起步较晚、基础薄弱以及企业经验不足和经营规模较小、资本与技术构成较低等方面的问题。虽然与过去相比，我国企业的对外承包工程项目数量有所增多，企业技术和实力有所增强，但与主要发达国家相比，我们的差距仍然很大。近年来，国内企业赖以生存的低成本劳务优势正逐渐消退，而不得不在业

务模式创新和开拓高端市场等方面进行新的探索，努力与国际商务领域的更高标准和规范接轨，整个行业企业的未来发展任重道远。目前，我国对外承包工程项目情况越来越复杂，单个项目规模大，对国际间合作要求高，有不少项目要求承包商带资运营，上述新形势，对国内企业的经营管理能力提出了很高的挑战。

本文着力论述加强对外承包工程企业审计工作的重要性。我们认为，这些年，我国对外承包工程项目规模增长较快，需要加强对相关企业的审计工作，以帮助提高企业的经营合规性水平，增强企业风险控制与防范能力。具体而言，对外承包工程企业既要接受来自国内的境外审计，又要接受所在国的审计监管。对外承包工程项目与国内工程项目相比，要面临更多的风险，如政治法律风险、文化风险、汇率风险，本文将所阐述的重点放在两者审计过程中的不同点，对一般工程项目审计的相同点不做过多论述。

二、境外审计

我国境外审计起步较晚，2008年，国务院办公厅颁布的《审计署主要职责内设机构和人员编制规定》中首次规定审计署设立境外审计司，这标志着我国审计监督机制正式向境外延伸。按照《规定》，境外审计司将负责组织审计国家驻外非经营性机构的财务收支，依法通过适当方式组织审计中央国有企业和金融机构的境外资产、负债和损益，开展相关专项审计调查。

1. 必要性

首先，对外承包工程企业以国有企业为主，其资产是国有资产的一部分，是我国法律规定应当进行审计的法定资产。我国《审计法》明确规定，凡是国有资产都应接受国家审计。审计署2008年至2012年的审计工作发展规划明确规定，审计机关将结合部门预算执行审计，

适当开展对国家驻外机构的审计，促进其严格执行财经法规，进一步完善财务管理制度，提高财务管理水平；积极探索对国有及国有资本占控股地位或主导地位的企业和金融机构境外投资及境外分支机构的审计，强化管理控制，防范经营风险，增强国际竞争力，维护境外国有资产安全。对外承包工程业务近年呈现快速增长态势，经营效益举足轻重，有些企业境外业务收入已达到甚至超过收入总量的50%，开展境外审计，可以减少国有资产流失，有助于保障国有资产安全。另外，在企业层面，我国还没有建立起完全与国际接轨的现代企业制度，自身监管能力较弱；宏观层面，我国对外承包工程行业发展尚不成熟，经营管理及人才构成难以达到国际化经营的要求，部分企业在境外投资经营中出现巨额亏损，造成国有资产流失，因此开展境外审计工作势在必行。

其次，开展境外审计是国际惯例，是我国对外承包工程国际化进程中的一部分，也是我国积极参与全球经济一体化的必然结果。1962年最高审计机关国际组织第四届国际大会对国家海外机构及其他海外机构监督这一议题达成的共识是：最高审计机关有义务监督本国在海外的国有公司及驻外机构的财务活动。《利马宣言——审计规则指南》（1997）第十九条明确提出"设在国外的政府机关和其他驻外机构，也应由最高审计机关进行审计"，而第二十三条"对政府投资的工商企业的审计"部分也指出："如果政府握有某些企业很多股份，审计机关就要对这些企业进行审计"。20世纪70年代末期开始，中国选择了同经济全球化相联系的经济发展道路，30多年来，中国加入世贸组织，促进与亚洲周边国家和地区的贸易自由化，大量吸引外资的同时积极开展"走出去"战略。经济贸易一体化带动着我国各项准则制度与国际接轨，境外审计的开展是会计准则国际化的成果之一。

第三，境外审计过程和结果是我国政府制定下一步对外投资政策的重要依据。海外环境瞬息万变，政府制定什么样的政策才能为境外工程承包企业创造有利的发展条件？这类政策决策，需要扎实的企业实际经营信息作为基础和支撑。审计工作，能够比较清楚地反映企业的整体经营情况，比如，境外投资中存在什么样的问题，境外经营又面临怎样的困难，以往出台的政策效果如何，下一步又需要哪些政府部门的政策引导和帮助等等。

第四，境外审计是对外承包工程行业自身发展的需要。工程项目自身工期长、管理跨度大，涉及面广，资金、人力使用量大，合理及时的建设项目跟踪审计，可以使项目各利益相关方充分了解项目进度，及时掌握和妥善解决项目实施过程中遇到的问题，保障后续工程的顺利进行。另外，境外项目面临政治风险、汇率风险、国别风险等特有的风险问题，开展与国内审计程序、方法相区别的境外审计，是由对外承包工程行业性质所决定的。

2. 主要内容

第一，审核企业产权、股权，确保国有资产安全。2011年国务院国资委颁布的《中央企业境外国有资产监管管理暂行办法》（简称《境外国有资产监管办法》）和《中央企业境外国有产权管理暂行办法》（简称《境外产权管理办法》）对有关中央企业境外国有资产、产权管理做了较为具体的规范要求。境外工程承包行业特点决定了企业需要充足的资产资本，外派人员数量较少，权力过大，缺乏监督，且由于受所在国或地区的法律限制，部分资产可能是以个人名义持有的。这要求在审计过程中要严格审查以权谋私与铺张浪费问题，确认产权、股权转移中文件全面、合法、有效，确保国有资产的合理有效利用。

第二，审核企业是否具有健全的规章制度和内控制度。对外承包工程企业受人员配置、工作条件、管理理念等因素的制约，内部管理往往较为粗放，存在较大的随意性，组织机构不完善、审批不严、不相容职务未完全分离等问题时有发生。联合国在进行境外审计时本着合法合规的原则，通过细化管理职能，对每一个管理领域的审计都采取系统分析、横向比较、纵向对比、调研核实等多种形式，深度探究原因，提出对策建议，取得了较好的审计效果。我国对外承包工程企业的境外审计应严格比照《境外投资管理办法》、《国有资产评估管理办法》和境外企业母公司所制定的各项内部管理制度，规范其内部管理。

第三，以风险管理为导向的审计是重点。2011年审计结果公告显示：部分境外工程建设项目未收到任何预付款便开工建设。对外承包工程面临较高的政治风险、汇率风险、支付风险和违约风险，此外，对外承包工程企业资金流量大，资金来源于自有资金、借入资金、项目预收款等多渠道，风险大，如不能有效防范风险，将对项目甚至母公司产生严重影响。审计署境外审计司创新性地提出了"一横一纵"的逻辑思维方式。"一横"就是在分析任何问题时，都要把握住"是什么、为什么、怎么样和怎么办"四个环节；"一纵"就是在处理每个环节时，都要从"目标是否明确、战略是否清晰、政策是否完备、准备是否充分、执行是否到位、监督是否有效"六个步骤出发。以风险预警为导向，主动出击，防患于未然，切实发挥审计"预防、揭示、抵御"的免疫系统功能是境外审计的根本目的之一。

3. 境外审计的难点

第一，我国审计机关缺乏海外审计的经验，也无其他行业成功的境外审计经验可借鉴。国家审计署境外审计司成立时间并不长，负责组织开展审计中央国有企业和金融机构的境外资产、负债和损益的时间较短，目前仍处于审计调查试点和组织方式、实施方式、报告方式的摸索阶段，相关人才的培养也无法适应巨大的境外审计需要。观察海外的其他中国企业，三九集团、江苏小天鹅、开源机床集团、长虹等被视为标杆的企业，都曾经经历过不同程度的海外投资失败教训，中航油更曾经因监管不力造成了巨大亏损，境外审计可谓是各行业领域面临的一个普遍性难题。

第二，对被审计企业所在国的法律法规和会计准则了解不够。对外承包工程企业日常经营在遵守我国有关法律的同时，更多的是要遵守所在国的法律法规和会计准则。虽然我国在逐步建立与世界接轨的会计准则制度，但工程承包业务所在国家或地区分布广泛，所在国规章制度差异巨大，与我国政策法规相比，也存在较大差异。这要求我们的审计人员在熟知我国法律法规和会计准则的同时，还要深入了解各被审计单位所在国的详细情况，认识到相同问题因所在国不同而采取的不同处理方法，这大大增加了审计工作的难度。

第三，审计时间和必要的审计程序难以得到保障。由于境外审计地域上的差异性，我国审计机关只能派出少量的审计人员进入所在国，在极短时间内进行大量的审计工作，这本身就降低了审计的准确性、减少了审计范围。同时，审计人员境外审计时，很难与外方人员进行交流，只能听取中方人员的介绍和汇报，审计信息来源受到极大限制，准确性无法得以保障。

4. 关于加强境外审计工作的几点建议

无论是与国际境外审计工作的发展水平相比，还是相对我国对外承包工程行业发展需求而言，目前，我国境外审计工作存在多个方面的不足。针对我国具体情况，笔者认为可以考虑从以下四个方面加以提高：

第一，境内审计与境外审计相结合。境外企业的母公司一般在国内或在国内设有分公司，双方在经营管理、经济业务等方面联系紧密，

限于境外审计中现场审计的种种条件限制，审计机关可在国内制定针对性较强的审计方案，最大限度地收集境内外资料、了解工程项目具体情况，减少审计人员日后现场审计的工作量，从而提高审计质量、降低审计成本。

第二，加强境外审计专业人才队伍建设。企业发展超越国界的直接结果就是人才的国际化——包括人才引进和人才培养的国际化。我国境外审计开展时间较短，专业人才严重缺乏，且人才培育机制不健全。可以从其他国家引进相关人才，同时，可以分批派遣国内审计人员协同工作，从而达到既引进外国经验又培养人才的目的。我国高校或专业审计机构可以给符合境外审计国际化要求的专业人员提供知识传授的渠道，加快人才培养速度。

第三，加强审计的全面性。对外承包工程作为一项跨国进行的综合性商业活动，涉及两个或两个以上的国家，既受到国际关系、项目所在国政治与经济形势的影响，又受到当地自然条件、社会条件等方面的制约。加强审计的全面性应综合考虑各方面因素和对项目进行事前、事中和事后全程审计。以工程总承包为例，目前审计更关注工程的项目现场财务管理和竣工决算，较少关注项目前期开发的风险防范（事前的风险评估）。

第四，完善境外审计制度。我国境外审计开展时间尚短，各方面法律法规制定不到位，政府作为我国企业"走出去"战略中的引导者，应根据现实中发现的问题并结合其他国家经验完善境外工程项目审计的规章制度。

三、所在国审计

近年来，在美上市的中国企业由于会计信息质量问题，受到美国证监会（SEC）及美国公众公司会计监督委员会(PCAOB)的广泛关注，SEC要求中国的会计师事务所出具涉事上市公司的审计文件工作底稿。美国《证券法》和《萨

班斯－奥克斯利法案》等法律规定海外会计师事务所应向美国监管机构提供涉及在美上市公司的审计文件。而根据我国《会计法》等法律规定，依法对有关单位的会计资料实施监督检查的部门及其工作人员，对在监督检查过程中知悉的国家秘密和商业秘密负有保密义务。因此，会计师事务所认为，审计资料包含国家秘密和商业秘密，未经中国政府批准，不得向外国监管机构提供。由于两国跨境审计监管问题的根源是法律制度上的差异，数轮谈判都未能达成实质性成果，双方跨国企业面临着或退市或经营困难的威胁。对外承包工程企业跨境经营，投资金额较大，承包方式多样化，我国对外承包工程企业应格外重视所在国审计工作，积极了解所在国与我国会计制度的差异，遵守当地法律法规，从根本上降低制度差异造成损失的可能性。实行双轨制会计核算制度和积极了解所在国环境是目前正在采取的措施。

1. 双轨制会计核算

对外承包工程企业实行"双轨制会计核算"是必要的。所谓"双轨制会计核算"，即在同一会计主体内，使用同一会计资料(原始凭证)，核算同一会计对象；按照不同的会计制度，设置两套账簿，填制两份会计凭证，核算相同的经济业务；期末，根据两套账簿各自的本期发生额和余额表，分别编制两套会计报表。公司赴境外经营承包工程项目，既要向国内报送会计报表，又要按公司承包工程所在的国的会计制度建立账簿，设置会计科目，进行日常会计业务核算，编制并报送会计报表，按所在的国的税法纳税。"双轨制会计核算"制度可以根据所在国具体情况进行会计核算业务，避免因各国会计政策不一、会计处理方法不同造成所在国审计监管困难。

做好双轨制会计核算首先要了解我国与所在国会计科目的差异，具体会计处理方法的不同，《对外经济合作企业会计制度》(简称外

经制度)中对我国会计科目做了具体规定。明晰所在国会计科目划分与我国外经制度会计科目的差异，确定具体会计核算方法、内容和程序后，还应做好税务工作和外账管理。所在国最重视的是对外承包工程企业是否遵守了所在国的财务制度和税收法规，将所得收入和利润按规定依法纳税。为顺利应对所在国审计，承包企业应研究所在国的税收种类、税率、征税方式和各种其他规定，可从投标及合同谈判开始聘请当地的会计师事务所和律师进行咨询，切实掌握承包合同有关纳税条款的规定以及当地相关法律、法规的内容，避免合理避税过程中出现违犯法律的情况。根据财务会计制度和税收政策进行会计核算，并以此为依据编制会计报表称为外账管理，一般是当地财税当局审计的重点。外账的管理应根据承包项目特点确定合适、便于操作的会计流程，配备语言能力优秀和了解国际公认会计准则的外账核算会计师，聘请当地会计师事务所进行审查和验证。

2. 所在国审计环境

正确认识所在国审计环境是关乎项目成功与否的关键条件。在中国铁建麦加轻轨项目中，由于承包单位没有充分考虑到：（1）项目所在地地处中东地区，自然条件恶劣；（2）施工过程中征地拆迁和地下管网的铺设要利用当地政府的职权；施工地点主要集中于伊斯兰地区，中方必须大量招纳穆斯林员工。各方面环境因素的最终合力促成了项目的失败。对外承包工程涉及地域较广，各个国家审计环境各不相同，企业应根据所在国的实际情况积极调整，以适应不同国家的要求。政治法律环境、社会文化等都属于所在国审计环境的范畴。

政治法律方面，我国对外承包工程的主要市场集中在发展中国家，政治动乱时有发生，政权更迭、派系斗争都会改变国家的治国主张，这会给周期较长的工程建设项目造成巨大混乱。各国审计立法的方式和内容则（下转第32页）

再论美国对外资并购的审查

周 密

（商务部研究院，北京 100710）

2013 年 12 月，美国外国投资委员会（CFIUS）发布了 2012 年外资审查报告。作为广受争议和诟病的机构，CFIUS 根据《外商投资与国家安全法案（FINSA）》的规定，对以并购为方式对美开展投资的项目行使审核权。从分析可以看出，尽管 CFIUS 相当严格，也未浇灭正处于对美投资快速增长阶段中国企业的热情，仍需要对 CFIUS 的做法进行分析和考量。

一、审查项目总量保持增长

金融危机爆发以来，美国吸收外资的规模和审查外资项目的数量呈现大致相同的变化趋势。2008~2012 年的 5 年间，CFIUS 对外资的审查仅有 1 次进入到第三阶段，在该项目中，美国总统否决了来自中国的投资。

如图 1 所示，2008~2012 年的 5 年里，美国吸收外资的规模和向 CFIUS 报告的项目数的变化趋势一致（2012 年除外）。按照美国 FINSA 法令第 721 条的规定，外国企业共向 CFIUS 报告了 538 项交易。其中，32 项（约占 6%）在预审阶段被撤销；168 项（约占 31%）进入调查阶段；38 项（约占 7%）在调查阶段被撤销；只有 1 个项目进入总统决定阶段（表 1）。

2010~2012 年间，向 CFIUS 报告项目数量有温和增长，从 93 例、111 例到 114 例，与全球从经济危机中复苏的阶段相吻合。但进入调查阶段的项目占比基本保持不变，同期从 38%、36% 变到 39%。

2012 年，CFIUS 接到 114 个项目审查申请，

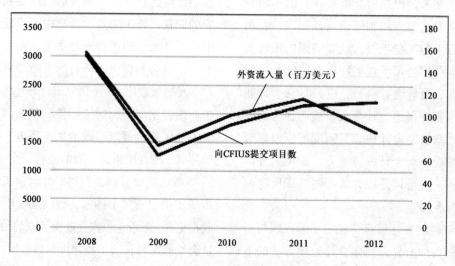

图 1　2008~2012 年美国吸收外资规模和向 CFIUS 提交项目数

2008~2012 年 CFIUS 对外资项目的审核（个）					表1
年份	提交项目数	初审期撤回项目数	复审项目数	复审期撤回项目数	总统决定数
2008	155	18	23	5	0
2009	65	5	25	2	0
2010	93	6	35	6	0
2011	111	1	40	5	0
2012	114	2	45	20	1
总数	538	32	168	38	1

2008~2012 年 CFIUS 审核外资项目的行业分布					表2
年份	制造业	金融、信息和服务业	采矿、公用事业和建筑业	批发、零售和运输业	合计
2008	72(46%)	42(27%)	25(16%)	16(10%)	155
2009	21(32%)	22(34%)	19(29%)	3(5%)	65
2010	36(39%)	35(38%)	13(14%)	9(10%)	93
2011	49(44%)	38(34%)	16(14%)	8(7%)	111
2012	45(39%)	38(33%)	23(20%)	8(7%)	114
总数	223(41%)	175(33%)	96(18%)	44(8%)	538

其中的 45 个进入调查阶段，而在申请方撤回的 22 个项目中，10 个项目申请方于 2012 年递交了新申请，2 个项目申请方于 2013 年递交了新申请。

5 年来，美国总统唯一明令禁止的是 Ralls 公司收购 4 个风场的项目。CFIUS 给出的理由是 Ralls 公司由中国人所有，且风场均位于美国海军俄勒冈州武器训练系统限制空域。

二、制造领域项目最为集中

如表 2 所示，向 CFIUS 提交报告的项目分布于较为广泛的工业领域。其中，制造业和金融、信息和服务业是项目最为集中的两大领域。2008~2012 年间，向 CFIUS 提交的项目中有 223 个（约占 41%）属于制造业；175 个（约占 33%）属于金融、信息和服务业；96 个（约占 18%）项目属于采矿、公用事业和建筑业；44 个（约占 8%）项目属于批发、零售和运输业。并且，在金融危机刚刚爆发的 2008 年，制造业提交的项目曾经达到总数的 46%，奥巴马提出"再工业化战略"的 2011 年，制造业的项目数占比也出现明显上升；金融、信息和服务业占比较为稳定，基本维持在三分之一左右；奥巴马政府重新启动页岩油的开采，引起全球关注和兴趣，致使 2012 年采矿业外资项目占比显著提高。

具体到行业子类，计算机和电子产品类项目占到制造业项目总量的约一半，制造业其余较大的子类还包括机械制造和运输设备。2012 年，投资于美国房地产以及租赁服务领域的项目从无到有，表现突出，印证了美国房地产市场开始复苏，对外资吸引力增强。

向 CFIUS 提交外资项目的行业分布与美国吸收外资的结构基本相似。美国经济分析局的数字显示，制造业的外资占到总量的 33%，金融、信息和服务业占到 32%；批发、零售业外资占 14%，其余行业的外资占 21%。

与之相比，中国制造业对美投资尚不及全球平均水平。截至 2012 年底，中国企业对美投资中，金融业和制造业分占 34.1% 和 22.2%；批发零售业、采矿业分占 9.8% 和 9.4%，电力生产和供应占 9.3%。

三、项目来自少数国别地区

英国、加拿大和法国是向 CFIUS 提出申请数量最多的传统国家，中国企业的申请数量则增长最快。2010~2012 年间，只有 30 个国家或地区的企业向 CFIUS 提交过交易审查的申请。其中，申请最多的英国企业共提交了 68 项申请，占到同期申请总量的 21%。与 2009~2011 年期间相比，英国企业申请占比下降了 5 个百分点。加拿大和法国的企业在 2010~2012 年间分别提出 31 和 28 个申请，分占 10% 和 9%。中国企业的项目申请数增长最快，尽管 2010 年和 2011 年分别只有 6 项和 10 项申请，但在 2012 年提出了 23 项申请，是当年向 CFIUS 提出申请最多的来源国，占到当年申请总量的 20.1%。2012 年，排名第二、第三的英国和加拿大企业分别提出 17 项和 13 项申请。

2012 年，申请项目超过 10 个的国家只有中国、英国和加拿大，分别申请了 23 个、17 个和 13 个项目。项目分布的国别集中度相对较为稳定。2010~2012 年，排名前三位的国别的项目数占比分别为 45.2%、44.1% 和 46.5%。

各国的项目行业分布分别呈现自身特色。如表 3 所示，2008~2012 年间，CFIUS 接受的项目申请中，来自 9 个国家的 3 年累计申请数超过 10 个，分别是英国、中国、加拿大、法国、日本、以色列、荷兰、瑞典和澳大利亚。按照项目数量计算，制造业项目最高的是英国（32 个）、中国（20 个）和法国（20 个），但在本国申请项目数量中占比最高的则是法国（71%）、日本（61%）和中国（51%）。与上文中国对美投资存量的行业分布对比可以发现，中国企业对美投资存在制造业项目数量较大但单体规模偏小的情况。

四、项目申请撤回原因多样

向 CFIUS 的申请并非一成不变。如果申请方以书面形式向 CFIUS 提交撤回申请，则可以在其同意后撤回申请。实际上，CFIUS 正是通过这种机制大幅减少了相关工作的繁琐内容，同时在一定程度上对其余申请者形成威慑。

主动撤回往往是申请者对其项目可能受到 CFIUS 否定的预判和应对。申请者提出撤回申请主要有几种可能：其中一种可能是，申请方在调查启动的 30 天内，或者调查启动的 45 天内都无法解决 CFIUS 提出的所有与国家安全有关的重要关切，不得不申请撤回，为答复相关关切可能需要更长的准备时间。另一种可能是，申请方基于商业考量，放弃交易，或者是对 CFIUS 的裁决以及给总统提出的意见建议存在担忧而选择提前出局。即便企业选择撤回申请，CFIUS 也仍可能去建立该项目的跟踪机制以服务国家安全的需求。

2008~2012 年 CFIUS 审核外资项目的国别行业分布（超过 10 个项目）　　　表 3

国别	制造业	金融、信息产业和服务业	采矿、公共事业和建筑业	批发、零售和运输业	合计
英国	32(47%)	28(41%)	3(4%)	5(7%)	68
中国	20(51%)	7(18%)	12(31%)	0(0%)	39
加拿大	2(6%)	10(32%)	18(58%)	1(3%)	31
法国	20(71%)	1(4%)	2(7%)	5(18%)	28
日本	14(61%)	6(26%)	1(4%)	2(9%)	23
以色列	8(47%)	8(47%)	0(0%)	1(6%)	17
荷兰	3(20%)	8(53%)	2(13%)	2(13%)	15
瑞典	4(31%)	9(69%)	0(0%)	0(0%)	13
澳大利亚	1(10%)	4(40%)	3(30%)	2(20%)	10

五、采取措施减轻项目影响

在 CFIUS 裁决有损美国国家安全的情形时，可以要求企业做出相应的调整和改进。2010~2012 年间，共有 24 个项目受此影响，采取了法定的风险减轻措施，占到同期项目总量的 7%。2012 年，CFIUS 要求 8 个项目采取此类措施，占项目申请量的 7%，包括对美国软件、信息、采矿、能源和技术企业的收购。

CFIUS 根据 721 条款评估申请方的项目已经采取了符合要求的风险减轻措施。自美国外国投资法案（FINSA）生效以来，CFIUS 的主席单位（美国财政部）指定其他机构负责监督措施的实施，并最少每季度向 CFIUS 汇报实施状况。

根据 2012 年的实践，此类减轻风险的措施包括以下形式：

（1）保证只有获得认证的人员方具有接触特定技术和信息的权限；

（2）建立公司安全委员会及其他机制，保证符合所有要求，包括在董事会中使用美国政府确认的政府官员，在年报和独立审计上都要符合监管要求；

（3）明确当前和未来处理美国政府相关的合同、客户信息和其他敏感信息的原则和条款；

（4）保证只有美国公民能够接触特定类别的产品和服务，并且要在美国境内完成产品和服务；

（5）在外国公民商业访问美国企业之前，应该预先向安全官员汇报，并需要征求其同意；

（6）一旦发生任何安全相关的事件，应通知美国政府；

（7）终止美国企业的特定活动。

为了实现有效监管，CFIUS 还采用了系列的监管方法，主要包括：向相关政府部门提供定期报告；美国政府的现场合规性考察；第三方审计等。

六、负面影响考虑视角广泛

按照 721 条款，CFIUS 需要在报告中分析其行为产生的负面效果。CFIUS 评估所有其成员确定的国家安全问题，在未解决之前不会采取进一步的行动。尽管 FINSA 并未明确审查内容，但 CFIUS 在审核外国投资时主要考虑的情形主要分为企业和个人两类，主要包括国防、恐怖、出口管制等领域。

（1）外资企业控制美国企业，如果出现下列情形：①向美国政府的机构提供产品和服务的，如果涉及国家安全的情况；②提供的产品或服务可能导致国家安全的脆弱性被暴露，包括是否会增加美国企业在供应链中的风险的暴露，例如网络安全、破坏或间谍等；③操作、生产或提供可能涉及国家安全的产品或服务，包括关键基础设施建设、能源生产、国家运输系统，或者直接影响美国金融系统等；④有可能涉及机密信息、敏感政府或政府合同信息（包括雇员信息）；⑤在国防、安全和国家安全相关的执法部门等；⑥涉及武器和军火制造、航天、卫星和雷达系统等；⑦在国防或有可能损害美国的国家安全领域先进技术，可能包括半导体等涉及军民两用品的制造，以及网络和数据安全等商品和服务的提供；⑧涉及美国出口管制的技术、商品、软件和服务的研发、生产和销售；⑨接近美国政府的特定基础设施。

（2）外国个人收购美国企业，如果出现以下情形：①由外国政府控制；②投资者来自的国家受到防扩散和其他国家安全相关的问题影响；③曾经发生过有损美国国家安全的案例。

七、继续推动对美投资发展

按照 FINSA 的条款，CFIUS 对外资进入的把关作用十分重要。国家安全、关键基础设施和关键技术的模糊定义为各国投资者把握相关要求提出了较大挑战。但是，作为中国企业对外投资增长最快的目的地，持续改善美国的投资环境需要有明确、有力和有效的举措。

1. 以双边协定规范政府行为

尽管FINSA法案的权限级别较高，可能高于政府间协议，但中美在谈的BIT协定也有可能发挥更为重要的作用。BIT协定对于政府直接干预外国投资活动的权力予以限制，为外国投资者创造了更为稳定的环境预期。中美BIT谈判正在推进，双方可以对权利义务进行更多协商。例如，按照现有CFIUS公布的信息，只涉及审批项目的自身信息，并不包括审核的结果。双方可以探讨信息沟通和交流机制的建立，增加交流的内容和渠道，从而为外资增加对美判断提供更为充分的证据支持。

2. 引导制造业增强对美投资

结合美国"在工业化战略"和中国制造业发展阶段，未来一段时间内，引导和加强中国制造企业对美投资的发展对于两国合作的加强有着十分重要的意义。中美两国可以通过政府层面的平台对接和信息提供，帮助中国制造业产业升级发展。平台对接可以继续探索省州合作的模式，寻找该层级的合作机会，有效开拓多重合作渠道，提高中美两国合作的可能性。引导中国制造企业积极参与当前全球前沿领域的研发和探索，在包括大数据、云计算、移动互联网和3D打印等各种可能引领未来制造业发展方向的技术上力争形成更多的突破。

3. 推动重要基础设施的合作

中美应该本着互惠互利的原则，对美国基础设施的建设需求进行充分、合理的评估。对于不涉及敏感领域的基础设施项目，可以探索鼓励中国企业更多参与。中国企业在全球工程承包领域具有较强竞争力，施工效率高、适应各种复杂环境挑战，具备大型工程承包项目的经验。如果能够充分给予中国承包企业机会，美国基础设施的翻新改建的进程将获得快速推进。不仅如此，中国特殊的制造业优势可以为相关基础设施的改造提供系统的、全面的支持。中国企业在包括高速铁路、下一代互联网、可再生能源等多个领域具备优势，也契合美国的实际需求。

（上接第27页）主要取决于本国的立法传统、立法水平、法律意识和审计工作的开展情况，以及对审计制度的认识；在审计制度的执行方面，则与各国政治稳定、经济发展水平、政府治理有效性等各因素有关。所在国政府在财政、货币、外汇、税收、环保、劳工、资源、国有化征收等方面政策的变化，与周边国家关系，政府对项目的干涉程度、对待债务的态度等是考察所在国政治法律环境的主要依据。

社会文化环境主要指对外承包工程项目所在地的社会各个领域、各个阶层和各种行业中存在的形式各异的风俗、习俗、习惯、文化、秩序等。文化差异、宗教和社会风俗、语言差异、排外情绪、社会治安、风气、受教育程度等，可能导致对外承包工程项目的相关人员之间以及企业与社会之间存在不同的价值判断和行为趋向，甚至导致冲突。

参考文献：

[1] 孙利国，杨秋波.对外承包工程可持续发展的现状、问题与对策[J].国际经济合作，2011(11):50-53.

[2] 邱慧芳，刘秋燕，郝生跃，等.我国对外承包企业现状及对策研究[J].建筑经济，2010(12):21-24.

[3] 李蕾，王鸿雁.工程项目审计及应注意的问题[J].冶金财会，2007(12):51.

[4] 陈晓春，王小艳.我国对外承包工程业国际标准化进程中的问题及对策[J].湖湘论坛，2005(02):56-57.

[5] 李荣民.中国对外承包工程和劳务合作：历史·业绩·态势一瞥[J].国际经济合作，1993(11):23-24.

可持续发展视角下澳门建筑业企业
资质管理制度探讨

张 海 鹏

（中建国际，中建（澳门）公司总经理，北京 100125）

澳门建筑企业管理制度一直沿用"澳葡"时代只有注册制度、没有资质管理制度的粗放管理模式，存在一定的弊端，在当前建筑业期形势下，这种弊端更为凸显，衍生出了诸如项目工期、质量、安全等工程问题，以及劳工管理、居民就业等社会问题，对行业的可持续发展构成挑战。因此，当前形势下如何构建一套切实可行的建筑业企业资质管理制度，以促进行业可持续发展，成为亟待研究和解决的问题。

一、澳门建筑企业管理制度存在的问题

澳门建筑企业数量众多，主要分为三类：一是近几年进入澳门建筑市场的中国香港和国外建筑企业；二是长期在澳发展的中资建筑企业；三是澳门本地建筑企业。前两者数量较少，主要为大中型建筑企业，工程价值一般在 5000 万澳门元以上；本地建筑企业数量较多，主要为中小型建筑企业，工程价值一般在 5000 万澳门元以下。尽管当前行业发展形势良好，但受限于地域狭小，建筑市场容量仍十分有限，2008年至 2012 年澳门年均建筑工程总值约 322 亿澳门元，行业呈现出"僧多粥少"的局面。2012年按工程价值划分的澳门建筑企业分布情况见表 1，2008 年至 2012 年澳门建筑业工程价值和建筑企业数量情况见表 2。

目前澳门建筑业尚没有实行资质管理制度，建筑商执照不分业务范围和等级，对于政府工程，只要获得执照就可以参加投标（除非较大型工程要求进行资格预审），对于私人工程，政府不作干预，澳门建筑市场几乎没有"门槛"限制，这也衍生出了一系列问题：

2012 年按工程价值划分的澳门建筑企业分布情况　　　　表 1

工程价值（澳门元）	500 万以下	500 万至 999 万	1000 万至 4999 万	5000 万至 9999 万	1 亿或以上
企业数量（间）	678	139	201	48	53
比例	60.6%	12.4%	18.0%	4.3%	4.7%

2008 年至 2012 年澳门建筑业工程价值和建筑企业数量情况　　　　表 2

年份	2008 年	2009 年	2010 年	2011 年	2012 年
工程价值（亿澳门元）	526	309	223	246	305
建筑企业数量（间）	1510	1293	1178	1320	1119

数据来源：澳门统计暨普查局

1. 低价竞标使行业陷入恶性循环，不利于可持续发展

以政府工程为例，澳门政府工程竞标采用"打分制"，一般造价比重占60%，其他如工作计划、施工经验及质量、廉洁诚信等合占40%，因为澳门缺失资质管理制度，投标资格没有限制，只要是建筑企业均可投标。对于一些较大型工程，中小企业在技术、资金、品牌上均没有竞争优势，但往往通过"低价竞标"策略先获得工程，再通过联营、索赔等方式争取利益，长久以往使得行业陷入恶性循环：①企业的关注重点在于以低成本获得工程，对于技术、资金、品牌等无暇顾及，进取心态不足，缺乏发展目标，专业水平难以获得提高；②企业实力与其承接工程的类型不相匹配，导致行业之间分工不清晰，资源错配严重，无法协同发展；③中小企业履约能力难以保证，给工程工期、质量、安全等埋下隐患，也会衍生出劳工管理、居民就业等社会问题。

2. 外地建筑企业冲击本地建筑市场，不利于可持续发展

行业发展的高峰期本是本地建筑企业壮大发展规模、提升专业水平的良好机会，但因为澳门缺失资质管理制度，外地建筑企业进入澳门没有"门槛"限制，在行业高峰期常常一涌而至、争抢工程，如2012年的"新城填海A区填土及堤堰建造"大型政府工程，约有13家中国内地企业投标，占投标公司总数的6成，其中多家为首次进入澳门；路凼城总投资超过"千亿"港元的六大赌场项目中，多数被礼顿、新昌、保华、有利等外地大型建筑企业所"斩获"。本地建筑企业规模较小、实力较弱，通常只能作为分包施工，企业规模没有壮大，专业水平也难以获得提升。一旦高峰期过去，外地建筑企业则"功成身退"，而本地建筑企业则将面临下一轮的行业调整期，面临严峻的生存问题。

近年特区政府也认识到外地建筑企业对本地建筑市场的冲击，为了保护本地中小建筑企业的利益，政府甚至将一些大型政府工程分为多个小标段"斩件招标"判给本地中小建筑企业，但最终结果却是事与愿违。如2011年起，政府将轻轨一期工程分为多个标段招标，但现在因为施工技术、成本上涨等问题已导致多个标段出现了不同程度的工期延误，将来可能影响到轻轨通车时间。

3. 对外拓展发展空间遭遇资质壁垒，不利于可持续发展

澳门建筑市场狭小且周期波动明显，一衣带水的珠海乃至整个珠三角、香港都可以作为其拓展的有效空间。但因为澳门缺失资质管理制度，对建筑企业的专业水平没有一个统一的评价体系，因此不具备与中国内地、香港等邻近地区开展资质互认工作的先决条件，本地建筑企业也难以适应邻近地区的资质管理制度，因此在对外拓展发展空间时，往往遭遇资质壁垒，不得其门而入。

综上所述，澳门建筑业因为缺失资质管理制度，导致市场陷入恶性竞争循环，受到外地建筑企业冲击，对外拓展发展空间困难，长久以往行业难以良性发展，整体发展水平较低，竞争实力较弱，因此有必要建立一套切实可行的资质管理制度，以保持行业良好的发展秩序，促进可持续发展。

二、国际建筑市场资质管理制度比较研究

国际上大多数国家/地区均采用资质管理制度对建筑业进行监管，以保证行业的有序发展，英国、美国因为法律体系完善、市场规范、第三方监管体系健全而未实行资质管理制度。

1. 没有实行资质管理制度的国家/地区
（1）英国

英国主要通过成熟的承包商注册体系对建筑企业进行管理，其中较有影响力的包括：由

专业学会——CIOB建立的"特许建造公司体系"，以及由英国建筑主管部门建立的"建筑战线体系"（委托给私人公司，并以政府－私人合伙的方式运行）。

（2）美国

美国对建筑企业管理采取以法律法规约束为主、第三方监管为辅的模式：《统一建筑法规》对建设活动进行了严格制约；建立了承包商资信记录网上公开系统，促使建筑企业注重声誉；依靠保险公司所提供的保险金额不同调节投标范围；依靠行业协会对从业人员进行资格管理等。

综合来看，英国和美国主要依托完善的法律法规、市场体系和第三方监管体系对建筑市场进行监管，并由市场交易主体相互制约，因此虽然没有实行资质管理制度，但仍然保持行业的有序运作。

2. 实行资质管理制度的国家/地区

（1）日本

日本对建筑企业实行许可制度（类似资质管理制度），建筑工程划分为28类，包含总承包和专业承包，许可执照分为特殊和普通两类，当建筑企业分包给其他承包商，超过一定金额合同时须取得特殊建设许可执照，国家和地方主管机构均有权颁发各类别的不同许可执照，企业可获得多个类别的许可执照，许可执照审核主要考虑管理人员、技术人员、财务资产、企业声誉等。

（2）新加坡

新加坡实行两套并行的资质管理体系，均由政府部门管理。承包商注册体系针对政府工程，工程分为6大类，各大类又分为若干小类，其中建筑工程类分为7级，其他类别基本分为6级，不得跨级、跨范围投标，资质的审核主要考虑资金、人员及历史记录等。许可执照体系适用于所有工程，分为总承包许可和专业承包许可，总承包分为2级，专业承包分为6类。新加坡为保护当地承包商，向本地及东盟企业

在中小型工程投标上给予优惠倾斜。

（3）中国香港

中国香港对政府工程实行资质管理制度，对私人工程实行注册制度。建筑商必须先被纳入工务局承包商名册才有投标资格，总承包商分为5类，各类分甲组（A牌）、乙组（B牌）、丙组（C牌）三级，一些大型工程需进行资格预审，企业可以获得不同类别的不同等级牌照，一般不允许跨级别承接工程。资质审核主要考虑技术、经验、人才和财力等，定期进行考核。香港为了保护本地企业，采取限制海外建设商承建中小型工程、在一些大型工程上设置附加条件等措施。

（4）中国内地

中国内地对所有工程实行资质管理制度，住房和城乡建设部负责全国资质统一管理。建筑企业分为施工总承包、专业分包和劳务分包三大序列，三大序列分别分为若干类别，各类别又分为若干资质等级。比如：施工总承包分为12类，设3~4级；专业承包分为60类，设2~3级；劳务分包分为13类，设1~2级，高资质级别企业可承揽低资质级别工程。资质审核主要考虑注册资本、专业人员数量、机械设备、工程记录等，但目前国内专家学者多认为专业人员数量和机械设备指标存在较大弊端，应当淡化并增加企业信誉、管理水平等，此外过细的资质等级划分限制了市场自由竞争，资质"挂靠"现象普遍。

综合来看，上述四个国家/地区均根据自身实际情况制定了相应的资质管理制度：日本实行相对简单的许可制度；新加坡是政府主导型经济，实行两套并行的资质管理体系，但主要针对政府工程；中国香港法律法规和市场体系比较健全，对政府工程进行了严格的资质管理；中国内地资质管理制度最为严格，但由于该制度源于计划经济时代，随着国家经济体制的转变，出现了一些弊端，目前正在进行改革和研讨。日本、新加坡、中国香港和中国内地资质管理制度对比情

日本、新加坡、中国香港和中国内地资质管理制度对比情况   表3

国家／地区	管理机构	适用范围	业务范围划分	等级划分	可否竞投低级别工程
日本	政府部门	所有工程	28类	2级	—
新加坡	政府部门	政府工程（主要）	6大类若干小类	6~7级	不可以
中国香港	政府部门	政府工程	总承包5类	3级	不可以
中国内地	政府部门	所有工程	3大序列若干类别	总承包3~4级专业承包2~3级劳务分包1~2级	可以

况如表3所示。

三、可持续发展视角下澳门建筑业企业资质管理制度探讨

目前澳门尚没有专项的建筑法规，市场体系也不够规范，行业协会等第三方监管体系缺失，在建筑企业管理制度上暂不适用英国和美国的模式。因此，借鉴日本、新加坡、中国香港、中国内地的经验做法，建立一套符合澳门实际情况的资质管理制度是一个切实可行的方式，基于当前行业处于良好的发展阶段，为建立资质管理制度提供了十分有利的外部环境，建议澳门特区政府应尽快建立资质管理制度，借助建筑业发展高峰期的"东风"将其实施并加以完善。结合澳门建筑业实际情况，在可持续发展的视角下，对当前澳门建立资质管理制度的具体操作建议如下：

1. 在工务局下成立专门机构负责统一管理

资质管理包含资质申请审核、升级增项、降级减项、清出、违规处罚等事项。从国际情况来看，资质管理工作一般由政府机构负责，澳门工务局是统筹负责建筑、工程、规划、土地等相关范畴的政府机构，在建筑工程事务管理上职责集中统一，因此建议直接在工务局下成立一个专门的跨职能部门的机构来统筹负责资质管理，这样在机构设置上相对简便，在后续管理上也便于协调配合，可避免像国内多部门对建筑企业资质交叉管理的现象。

2. 资质等级划分和评价指标体系应科学设计

资质等级划分和评价指标体系是建立资质管理制度的核心，资质等级划分有助于引导企业明确自身业务范围，使企业实力与承接工程类型相匹配，避免行业恶性竞争；评价指标体系有助于引导建设规范的市场体系，保障市场有序运行。

在资质等级划分上，中国香港和日本分级较为简单，既有一定的管控，又保持了市场活力；新加坡、中国内地因体制原因，分级较多，尤其是中国内地因分级过细，资质"挂靠"现象普遍。澳门实行资本主义，经济体系自由开放，不宜限制过多而扼杀市场活力，因此资质等级划分"宜粗不宜细"：①业务范围划分上，澳门工程采用的是层层分包制度，可将建筑企业划分成总承包商、专业承包商等2~3个序列，各序列中再细分成若干类型，其中总承包商可参考香港划分成5个类型左右；②级别划分上，建议总承包商划分成2~3级，专业承包商视情况划分为1~2级，各级之间限定可承接工程的金额，由于澳门工程价值随经济周期波动较大，因此限定的金额范围"宜宽不宜窄"。

评价指标体系上，从国际情况来看，主要考虑专业人员、财务资产、工程经验、企业声誉等指标，澳门可在其他国家经验做法的基础上"去粗取精"，建议注意以下几点：①不宜限定专业人员的具体数量，对专业人员的管理

宜以个人执业资格认证制度为主导；②财务资产上除了考量往年经营业绩外，可考虑纳入银行保函额度等指标；③工程经验上除了考量已完工程金额、类型外，应更注重在质量、技术、安全、环保等方面的管理水平；④应特别注重企业声誉指标，以引导行业诚信体系的建立；⑤不宜与机械设备数量指标挂钩。

3. 资质管理制度可先适用于政府工程

中国内地和日本的资质管理制度适用于所有工程，中国香港和新加坡主要适用于政府工程，意即各个国家／地区的资质管理制度均适用于政府工程，但对于是否也应适用于私人工程，不同国家／地区则有不同的理解和做法。对于澳门而言，遵循自由开放的经济体系，并从实际运作的角度考虑，建议澳门可先将资质管理制度适用于政府工程，待该制度运行较为完善，积累更多经验后，再择机研讨是否应扩大至私人工程领域。

4. 资质管理制度应考虑保护本地中小企业

本地中小建筑企业的发展水平是衡量行业可持续发展的关键，因此资质管理制度应考虑保护本地中小建筑企业，主要可从跨级别承接工程和限制外地建筑企业两个方面进行探讨。

跨级别承接工程方面，建议原则上可参考中国香港、新加坡的做法，限制高资质企业承接低资质的工程，有助于保护中小企业生存空间不受大型企业挤压，可避免国内高资质企业跨级承接低资质工程而挤压低资质企业生存空间的局面。但是，鉴于澳门工程价值波动较大，也可以保留探讨在特殊时期允许高资质企业承接低一资质级别工程的可行性。

限制外地建筑企业方面，建议设置一定的"门槛"，以避免外地建筑企业"随进随出"造成的冲击，如要求在澳注册一定年限、累计完成一定金额工程等，同时可参考香港、新加坡等地做法，限制外地中小型建筑企业竞标，或对本地中小型建筑企业竞标给予优惠倾斜。

5. 资质管理制度可考虑与邻近地区的资质互认

探索对外拓展发展空间是保持行业可持续发展的一个重要路径，澳门可在资质管理制度设计上考虑将来与中国内地、中国香港等邻近地区开展资质互认工作，为引导具一定实力的本地建筑企业拓展邻近地区建筑市场打下基础，从而提高行业规避市场周期波动风险的能力。短期来看，可选择珠海市范围或者珠海市横琴新区作为探索资质互认工作的试点。⑤

参考文献：

[1] 建筑业企业资质管理规定.中华人民共和国住房和城乡建设部，2007

[2] 建筑业企业资质等级标准.中华人民共和国住房和城乡建设部，2007

[3] 麦瑞权.澳门建筑产业管理制度与产业优化升级[J].行政，2009（3）：549-557

[4] 贺灵童.从游戏规则到入场券——国内外承包商资质管理模式比较[J].施工企业管理，2011（1）：113-116

[5] 崔珍珍.服务型政府视角下建筑业企业资质管理制度研究[D].山东：山东建筑大学，2008

[6] 刘贵明.香港建筑市场的管理体系[J].铁道工程学报，2005（3）：12-14

[7] 杨扬，吕文学.新加坡建筑业管理体制分析[J].国际经济合作，2009（2）：86-90

非洲机场项目投融资模式探讨

荣 杰

（中建海外事业部，北京 100026）

一、非洲市场的重要性

（一）中国政府对非洲战略

中国政府始终把发展同非洲国家的友好合作作为中国对外战略的重要方向。2013 年习近平在出访非洲时提出，中国政府将在三年内向非洲提供 200 亿美元的贷款额度，并宣布了中国政府的新举措：（1）同非洲国家建立跨国跨区域基础设施建设合作伙伴关系；（2）在向非洲提供的 200 亿美元贷款额度中，优先安排基础设施项目；（3）通过融投资、援助、合作等多种方式，鼓励中国企业和金融机构参与与非洲跨国跨区域基础设施建设及运营管理。

（二）非洲市场规模稳中有升

作为国际建筑市场发展状况的一个重要指标，美国《工程新闻记录》（ENR）连续多年发布全球最大 225 家国际工程承包公司业绩排行榜。2010 年，全球 225 强国际市场营业额为 3836.6 亿美元，比上一年度微幅下调，降幅为 0.03%。传统市场与新兴市场出现两极分化，欧美、中东地区建筑业前景黯淡，拉丁美洲、金砖四国（巴西、俄罗斯、印度、中国）以及东南亚潜力巨大。非洲地区（605.9 亿美元）同比增长 6.7%。

尽管目前非洲仍是世界上经济最落后的大陆，但非洲资源丰富，各国脱贫呼声渐高，多数国家政治经济形势趋于稳定，发展问题日益引起人们的重视。大力发展基础设施已成为非洲国家经济建设的首要任务和振兴经济的优先发展方向，因此非洲拥有广阔的工程承包市场，每年都有着大量的桥梁、道路、市政设施、房屋以及产业项目需要建设。

非洲是中国工程项目新签合同额最大的地区市场之一，仅位居亚洲之后，占中国对外承包工程市场份额的 28.5%，完成营业额所占的比重达 38.9%。

1. 市场份额持续增长

2010 年，225 强在各地区的营业额分布如下：欧洲、亚洲和澳大利亚、中东位居前三位，分别达 941.8 亿、766.4 亿和 724.3 亿美元，分别占全球总额的 24%、20% 和 19%（图 1）。非洲以 15.8% 名列第四。

2. 市场规模稳中有升

根据美国《工程新闻记录》统计，225 家全球最大国际工程承包公司在非洲的市场营业额连年增长，即便是金融危机爆发后，也呈稳中有升态势。2008 年，营业额约为 508.9 亿美元，2009 年升至约 568.1 亿美元，2010 年约为 605.9 亿美元（图 2）。

3. 建筑业市场保持增长

金融危机爆发以来，各传统建筑市场出现不同程度的萎缩，而非洲蕴藏丰富的资源开发项目、稳定增长的基础设施建设市场，因此吸引了各大国际工程承包商，来自欧洲、美国等发达国家的建筑商在非洲完成营业额保持增长（表 1~表 3）。

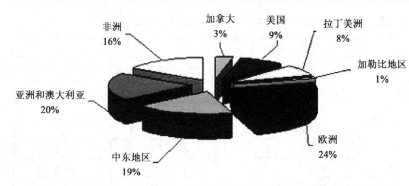

图1 全球最大225家国际工程承包公司在各地区完成的市场营业额

资料来源：美国《工程新闻记录》2011年8月29日

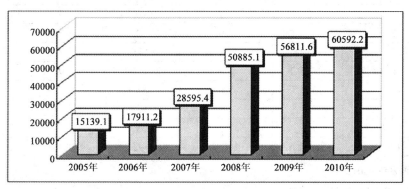

图2 全球最大225家国际工程承包公司在非洲完成的市场营业额（百万美元）

资料来源：美国《工程新闻记录》2006~2011年

（三）非洲市场对于中国建筑的重要性

2002~2012年期间，中建海外业务实现的合同额中，非洲市场在其中的占比始终居于前列，2007年开始占比已经达到了50%以上，非洲已经成为中建海外业务的主要产出区。未来的非洲将会给中国建筑带来更大的市场和更广阔的融投资领域。

非洲对于我们提高跨国指数、增加国际工程承包市场份额具有重要意义。积极开拓非洲市场，提高开拓力度，争取在与其他国家、其他跨国企业的市场竞争中占得先机。下面将以机场项目为例，对其投融资模式进行探讨。

二、机场项目存在的优势及发展瓶颈

（一）承接机场项目的优势

1. 机场承包建设经验丰富

中国建筑（以下简称"中建"）在全球具有多年的机场承包建设经验，旗下的众多专业公司保证了中建在机场工程上的技术能力，同时中建在机场项目的成本控制能力又可以保证中建的承包利润。

中建在国内机场建设领域已具有绝对优势。在海外，通过成功实施阿尔及利亚布迈丁机场和毛里求斯新机场，在国际机场建设界积累了良好的业绩和声誉，并在设计、采购和国际机场领域专业合作伙伴等方面都积累了不少有效资源，初步具备了参与国际竞争的资本和实力。

2. 非洲市场经营优势

由于中建在国内承建了诸多机场项目，在机场领域具有一定的经验与优势，在非洲的业务开展中一直把机场项目作为重点项目来跟踪和实施。过去几年中，中建在非洲承建或追踪过的机场项目如表4所示。

另外，中建除了已有项目的经营机构外，又在非洲设立了8个国别组。已有的经营机构包括阿尔及利亚、利比亚、博茨瓦纳、纳米比亚、刚果（布）、赤道几内亚，8个国别组包括肯尼亚、加纳、尼日利亚、南苏丹、尼日尔、赞比亚、津巴布韦和乌干达。中建在整个非洲的经营布局已经辐射到十几个国家。

3. 融资能力及融资环境优势

非洲机场项目以F+EPC模式为主，即非洲主权国家为贷款主体，要求中国承包商承建项目，并协助其融资。我们承建的毛里求斯国际机场就是典型的这种模式，跟踪的其他机场也

全球最大 225 家国际工程承包公司在非洲完成的市场营业额（百万美元，%） 表1

承包商国籍	2008 年		2009 年		2010 年	
	完成营业额	占非洲市场比例	完成营业额	占非洲市场比例	完成营业额	占非洲市场比例
美 国	3027.6	5.9	4307.4	7.6	4395.5	7.3
加拿大	0.0	0.0	572.0	1.0	912.6	1.5
欧 洲	18166.1	35.7	20253.7	35.7	22530.1	37.2
英 国	312.2	0.6	870.8	1.5	1269.7	2.1
德 国	1016.4	2.0	952.7	1.7	940.1	1.6
法 国	5033.4	9.9	5663.3	10.0	5902.6	9.7
意大利	8309.3	16.3	8830.5	15.5	9998.9	16.5
荷 兰	155.0	0.3	193.6	0.3	195.8	0.3
西班牙	1707.3	3.4	2123.2	3.7	1890.3	3.1
其 他	1632.5	3.2	1619.7	2.9	2332.8	3.8
日 本	1383.3	2.7	1589.1	2.8	846.9	1.4
中 国	21578.2	42.4	20799.1	36.6	23467.7	38.7
韩 国	1091.4	2.1	1610.7	2.8	2186.1	3.6
土耳其	1870.5	3.7	2763.5	4.9	2198.0	3.6
所有其他	3768.0	7.4	4916.2	8.7	4055.3	6.7
合 计	50885.1	100.0	56811.6	100.0	60592.2	100.0

资料来源：美国《工程新闻记录》2009~2011 年

中建 2002~2012 年合同额情况表之一（万美元） 表2

项目	汇总	2002	2003	2004	2005	2006
经援	30,482.40	564.98	229.72	1,267.42	1,894.63	759.47
美洲	368,816.64	3,008.00	6,221.05	5,040.63	12,319.09	8,791.09
欧洲	29,274.11	0.00	0.00	0.00	5,800.00	9,900.00
中东	419,603.88	0.00	16,600.00	11,713.10	11,084.41	35,226.00
亚洲	843,677.47	20,837.17	49,744.82	62,305.67	65,714.61	103,535.27
非洲	2,054,245.91	35,755.82	42,756.19	44,055.53	43,295.51	73,983.48
合计	3,746,100.40	60,165.96	115,551.78	124,382.34	140,108.25	232,195.31
非洲占比	54.84	59.43	37.00	35.42	30.90	31.86

中建 2002~2012 年合同额情况表之二（万美元） 表3

项目	2007	2008	2009	2010	2011	2012
经援	3,075.43	7,583.87	1,608.53	3,822.81	9,675.54	0.00
美洲	16,872.11	12,492.26	56,413.53	23,556.53	192,673.29	31,429.06
欧洲	9,131.23	501.94	1.66	491.32	742.95	2,705.02
中东	85,300.40	102,086.84	87,989.63	23,080.16	23,634.66	22,888.68
亚洲	115,545.48	109,122.87	75,241.47	64,729.64	91,364.41	85,536.06
非洲	319,318.79	303,860.73	237,126.73	287,690.21	204,583.04	461,819.89
合计	549,243.44	535,648.50	458,381.55	403,370.67	522,673.89	604,378.71
非洲占比	58.14	56.73	51.73	71.32	39.14	76.41

中国建筑承建或追踪过的非洲机场项目

表4

序号	项目名称	项目规模（亿美元）	现状
1	阿尔及利亚布迈丁国际机场	2.6	已完工
2	毛里求斯国际机场扩建工程	3	已完工
3	吉布提国际机场	—	可研阶段
4	卢旺达 BUGESERA 国际机场	6	中建八局提交合同文件
5	肯尼亚国际机场新航站楼	6.5	中航济中标
6	赞比亚卢萨卡4个国际机场改建	3	江西国际签署合同
7	尼日利亚拉各斯4个国际机场改建	6	中土签署合同
8	加纳阿克拉机场扩建项目	—	已提交资审文件
9	塞内加尔新国际机场	1.5	沙特本拉登实施一期；签署二期MOU
10	喀麦隆现有国际机场改造	估算1	仍在讨论方案

主要是采用这种方式。只有塞内加尔新国际机场二期项目的一部分内容（酒店、机库）要求我们以BOT方式承建。

机场项目具有较稳定的现金流收益，机场项目的投资收回，主要来自机场投入运营后产生的净现金流量。机场的收入主要来自于航空业务和非航空业务两部分。航空性收入来自于提供旅客进出港服务、飞机起降服务和货运处理服务，其增长主要受飞机起降架次、客货吞吐量和机场收费政策的驱动；非航收入包括广告、商贸和商业场所出租等，其增长除了受客流量增长推动外，也与候机楼经营模式（自营或转让特许经营权）、商业面积、租金水平等因素相关。

中国的金融机构，如中国进出口银行、国家开发银行均比较倾向于机场项目的贷款投放，金融机构对项目东道国借款一般会要求提供国家的主权担保，还有机场预期收益的抵押，比如机场管理局与航空公司（客运、货运）签署的长期租赁合同收益的质押，确保机场在运营期的收益优先偿还建设期的贷款。

在利用金融机构的贷款同时，还应积极探讨在机场建设中部分资金的投入，如以"过桥贷款"和少量股本金投入的方式，解决非洲国家在机场建设中资金短缺的难题，提高自身"软实力"，在激烈的竞争中站稳脚跟。

（二）存在的瓶颈

1. 中建整体资产负债率高，对非投资较慎重

结合当前中建股份层面的状况看，根据中建2013年中期报告显示，中建股份整体资产负债率为79.9%，离央企80%的红线咫尺之遥。而且，中建对投资非洲地区并不看好，故直接对非洲机场项目进行大额的投资似乎存在一定的障碍。

2. 投资经验匮乏

中建在海外投资方面经验匮乏。由于此前完成的项目绝大部分属于工程承包，故较多关注的是项目的及时竣工以及成本控制，但对跨国经营的一些风险关注较少。投资及运营能力成为在该模式下成功的较大障碍。此外，由于母公司提供担保比较有限，投资时涉及的资金问题较难得到解决。而政策性银行对非洲国家的一揽子贷款，由于参与竞争的中资企业众多，得到这部分资金的支持难度也很大。

（三）非洲机场项目存在的机会

1. 世界经济一体化凸显了非洲国家的大量机场运营能力不足

随着世界经济一体化及发展中国家经济的较快发展，民航业成为一个能进一步拉动经济发展的行业。非洲国家的大量机场面临日渐增加的旅客量和货运量的压力而不堪重负；而由于长途航线的增加，对机场本身的基础条件也提出了较高要求，机场的翻新及扩建势在必行。而机场的新建或翻新扩建需要极大的投资，这为我们带来了机会。

2. 全球机场市场需求量大

目前，非洲各国在首都或重要城市基本上都有了一个或多个国际机场，形成了与世界联络的基本航空网络线。根据维基百科（Wikipedia）数据统计，非洲在 2012 年根据客流量排名的前十大机场排名如表 5 所示。

此外，东部非洲埃塞俄比亚的亚的斯亚贝巴国际机场、肯尼亚内罗毕国际机场、北部非洲埃及的开罗国际机场也承担着重要的区域性国际机场的任务，是非洲其他国家的中转港。

近几年，非洲经济发展迅速，平均增长速度接近 6%，经济的发展促进了非洲民航业的发展，非洲客运量增幅超过 7%，货运量增长率近 6%。同时，非洲经济的发展对非洲国家的机场本身的基础条件也提出了较高要求，非洲很多国家机场的改扩建和新建机场势在必行。

（四）存在的风险

1. 投资收回风险

（1）国家风险、政治风险

因国家发生战争或因政府换届，新政府不承认或撕毁之前签订的协议，对项目实行征用、没收，或者对项目产品实行禁运、终止债务偿还导致前期投资无法收回。该风险可以通过与国家政策性保险机构的合作而得到一定程度的控制。

（2）工程能否及时完成

投资回收期与工程完成时间紧密相关，投资回收期往往从工程完工开始。因此工程能否及时完成，极大地影响了投资回收的现金流时点，若工程不能按投资回收测算时预计的时点竣工，将会推迟投资回收的开始时点，从而降低投资的收益率。此风险对工程承包商的业务能力提出了很高的要求。在融投资带动工程承包的背景下，投资方和工程承包商是同一个实体，也就是说投资方的竣工能力对投资回收有不小的影响。

（3）项目运营方的运营能力

机场项目的投资收益，往往与机场的运营状况密切相关（尤其对于 BOT 或 PPP 模式）。其中，项目运营阶段的运营成本高低以及运营收入最为关键。运营成本控制能力和创造收入的能力决定了前期投资收回的效果。项目运营方的能力对投资整体的经营成果影响较大。

（4）外汇管制政策

若投资于一个外汇管制严格的国家，资金汇出和利润汇回程序繁琐复杂。在非洲使用融投资带动工程承包模式，由于非洲当地的利息较高，以及当地金融机构能够提供的资金支持

非洲前十大机场 2012 年排名 表 5

序号	中文名称	英文名称	客流量（人次）
1	南非约堡国际机场	OR Tambo International Airport Johannesburg	18,681,458
2	南非开普敦国际机场	Cape Town International Airport	8,530,729
3	摩洛哥卡萨布兰卡国际机场	Mohammed V International Airport Casablanca	7,186,331
4	南非德班国际机场	King Shaka International Airport Durban	4,747,224
5	摩洛哥马拉喀什机场	Marrakesh Menara Airport	3,373,475
6	毛里求斯国际机场	Sir Seewoosagur Ramgoolam International Airport	2,490,862
7	加纳阿克拉国际机场	Kotoka International Airport	1,726,051
8	摩洛哥阿加迪尔机场	Agadir–Al Massira Airport	1,384,931
9	南非伊丽莎白港机场	Port Elizabeth Airport	1,316,063
10	突尼斯莫纳斯提尔国际机场	Monastir International Airport	1,238,757

量相对较小，融资很可能不在非洲进行，这样会造成在非洲当地投资的现金流无法及时直接偿还融资的款项，资金整体流动性会出现一定问题。利润汇回的限制也对资金的回收造成严重的障碍。

（5）汇率风险

融投资带动工程承包，整个投资期相对较长，汇率变动也相应较大。在非洲地区，当地货币的汇率总是具有贬值的趋势。若投资收回的计价币种为当地币，未来投资回收期间的现金流将大打折扣，影响投资的收回。此外，融资的汇率风险也不可忽视。为了及时规避汇率风险，合理谨慎选择确定合同计价币种，融资合同与分包商、供应商合同的计价币种尽量保持一致，或通过同一地区不同项目之间的外币收支的调剂，减少外币头寸暴露。

（6）通货膨胀风险

融投资带动工程承包，整个投资期相对较长，物价水平变动也相应较大。在非洲地区，物价总是具有上升的趋势。在整个投资期内，在非洲当地分包付款、材料采购及人工成本都将上升，进而影响项目投资的回收。

（7）利率风险

利率变化风险是指由于利率变动而直接或间接地造成项目价值降低或收益受到损失的风险。如果投资方利用浮动利率融资，一旦利率上升，项目生产运营成本就会攀升；而如果采用固定利率融资，一旦市场利率下降则会造成机会成本的提高。

（8）税收

非洲地区税收一般较高（基本比中国高），较高的税率将会把较大比重的经营成果直接截留，投资产生的现金流减少，影响项目的投资回收。若项目无法得到免税待遇，税收因素需要被极大的重视。税收问题应从项目投标初期开始就予以关注。

2. 母公司对融资的担保带来的风险

在融资的过程中，单纯依靠海外子公司融资往往不太现实，主要原因是使用融投资带动工程承包方式开展业务，融资额一般较大。海外子公司、分公司体量较小，自身的财务报表、财务指标均不能满足贷款机构的要求。在特许经营权项目中，贷款机构一般也很难接受单纯以项目公司未来的现金流作为抵押。因而，贷款机构为了保障自身利益，往往要求海外子公司的母公司提供担保（或提供一定程度的担保）。目前，对海外的融资项目提供母公司担保，需要获得国家外管局的审批，而且中建对外提供母公司担保审批较严格，要符合上市公司的相关要求。这一点会对融资成功的概率产生一定的影响。

三、机场项目融投资模式的选择

（一）采用融投资带动总承包模式，充分利与世界知名咨询公司的合作关系

融投资建造模式以承包商的视野，站在项目投资商的高度，使融投资运作贯穿项目建造的全过程，提升项目总承包的层次。由于工程承包市场竞争极其激烈，业主在项目中拥有极高的话语权，而承包商只能被动接受业主的许多条件。这些条件相当于一些隐性成本，降低了承包商的收益。而承包商通过融投资带动工程承包，相比于单纯的工程承包，可以在项目实施的全过程中极大地提高自身在项目中的话语权。

融投资带动总承包模式既不是单纯的投资活动，也不是简单的设计加建造活动。它将传统的生产经营与资本经营相结合，以金融工具、资本市场和基础设施项目为载体，特别是政府基础设施项目市场化、企业化运作，借助项目融投资来解决业主建设资金来源问题，借助工程总承包特点解决优化设计和精细化建造问题，把项目总承包管理方式及企业与相关社会因素有机整合和优化配置，使承包商、业主实现社会、

经济效益双赢。通过融投资带动承包模式，承包商的收益不仅来自工程承包的利润，也同时来自资本经营的收益。这两者的结合有效地提高了传统工程承包模式下承包商的收益，同时，通过参与项目的全过程，能提升承包商自身的"软实力"，使承包商在激励的竞争中不断壮大。

（二）成立机场建设专项基金，充分利用公司 BOT 方式的成功经验及资源优势

由多方组成一个投资基金或联合体，参与方根据情况分别有：承包商、投资运营公司、投资者（产业资本、养老基金等）。通过强强联合，用一定的资本撬动多个大型的机场项目，使参与的各方各展所长、各取所需，达到多赢的局面。在这种模式下，承包商对投资基金进行注资，间接地参与到项目的投资，并在一定程度上取得项目工程承包的优先权。而在承包商相对并不擅长的投资领域和运营领域，由专业的投资公司和运营公司来主导（承包商也可以派出人员参与到投资决策过程中，具体情况根据协商的协议。承包商至少能保证投资决策的优先知情权）。承包商在这种模式下，投资的金额会限制在一定范围内（基金份额，万一投资出现亏损，亏损以基金份额为限，不会对企业带来极其重大的伤害），投资风险也能相对得到较专业的控制，可以达到通过少量投资带来大量承包额的目标。

在这种模式下，我们的最优选择似乎是国家开发银行旗下的中非发展基金。中非发展基金成立数年来，在非洲多个国家进行了投资，目前已积累了一批语言好又熟悉非洲情况的对非投资的专业人才，建立了非洲各国投资政策、法律、产业、市场等智库体系。此外，作为国家开发银行的全资子公司，中非基金的投资可与国家开发银行的贷款协同配合，依托开发银行的产业分析优势和国际投融资能力，为企业提供"投资＋贷款"的多层次融资服务。也就是说，中非基金能在提供贷款之外，再提供其他的服务，比如对冲外汇风险、理论风险等服务。若能在前期参与或推动中非基金成立关于非洲地区机场的投资基金，中建在非洲地区该领域可以得到全方位的提升和助力，包括基金管理人员的专业投资能力以及风险控制能力，资金问题迎刃而解。

（三）打造机场建设核心竞争力

随着中国经济实力的不断提升，对外投资和援助逐年加大，主要集中在基建领域。而且国外发展中国家和部分相对落后的发达国家，因新一轮凯尔斯主义的经济刺激政策，执政政府力求通过政府融投资来尽快重振经济，这些融投资的项目大都集中在基础设施领域，新建或扩建机场项目便是其中的主要领域之一，也因此使国际承包市场上的机场项目的经营机遇变得日益多起来。

中建在国内机场建设领域已具有绝对优势。在海外，通过成功实施阿尔及利亚布迈丁机场和毛里求斯新机场，在国际机场建设界积累了良好的业绩和声誉，并在设计、采购和国际机场领域专业合作伙伴等方面都积累了不少有效资源，初步具备了参与国际竞争的资本和实力。

为充分发挥我们在机场建设领域的优势和中国建筑的品牌影响力，现已组建了机场项目团队，负责海外各地区机场项目的市场开拓工作，并拟提议发起创立"中建机场建设基金"，通过资本运作和经营模式的转变，加速扩大中建在国际机场建设领域所占的份额，努力将中国建筑打造成为国际机场领域的专业品牌，早日形成中建在国际市场上的核心竞争力。🅖

我国建筑业企业外派人员现状
浅析及对策建议

刘 淼

（中建电子工程有限公司，北京 100125）

一、外派人员的现状及存在的问题

外派人员是指由母公司任命的在东道国工作的母国公民或第三国公民，也包括在母公司工作的外国公民，不过主要以在东道国工作的母国公民为主。从外派人员的类型来看，目前我国的外派主要体现在境外投资、对外承包工程、劳务合作中发生的管理人员、劳务人员、技术人员的输出。本文主要研究我国建筑业企业在跨国经营过程中管理人员的外派。

我国建筑业企业在外派过程中面临的问题主要有：①外派人员在东道国的工作绩效低下；②外派失败率高；③外派人员归国后离职率高。其中，外派失败是指外派人员过早返回母国，即在任职没有到期就回国。外派失败给跨国企业带来很大的成本损失。外派失败的成本主要包括：管理成本（包括与选择外派人员工作有关的成本）；跨国公司外派人员的工资与津贴及其他费用；损失的工时成本（包括管理系统发生故障，由此引发问题与投诉造成的成本等）。

目前我国跨国企业外派人员的离职率也非常高。据权威机构对中国企业海外运营情况的调查显示，中国企业海外员工 2 年内的离职率高达 70%。因此，如何对外派人员进行有效管理，降低外派失败率及外派人员的离职率，成为企业在跨国经营中必须高度重视的问题。

二、原因分析

从发达国家跨国经营中的外派实践来看，造成外派失败的原因主要是文化语言差异带来的不适应性，此外还有诸如任职时限、工作环境、外派人员流动意愿、家庭因素、个人情感成熟度、当地的经济发展水平、相关政策法律法规等原因。从我国建筑业企业跨国经营的实践来看，大致可以将外派失败的原因归结为以下几个方面：

（一）缺乏科学的人员选派体系

我们看到，大部分企业在海外工程通常使用国内公司的外派人员，一些企业的海外市场的负责人不懂国际贸易，也不懂外语；也有些人员在国内一般都属于素质较高、业务能力较强的骨干，比较熟悉国内市场，然而一到国外，难以适应市场环境、语言文化的差异；也有的企业在招聘业务人员时只凭学历草率录用，甚至舍不得高薪聘请国际贸易人才，吸引不到真正的国际贸易人才。于是，在能力结构上造成海外市场拓展能力不足，难以形成竞争优势，阻碍了企业在海外市场的发展。

驻外失败往往反映了企业在选拔过程中的失误。目前我国在对外派人员选拔方面缺乏行之有效的科学的测评体系。由于大多数企业在跨国化进程中首先选择广大发展中国家和地区作为迈出国门的第一步。这些国家和地区的经济发展水平较低或者与我国相近，对商品的要求不是太高，进入壁垒较低，可以获得较高的利润。但是这些地区的气候条件往往较为恶劣，如中亚、中东以及非洲等地区，且当地的风俗习惯、生活方式等与我国相差甚远。因此大多数员工都不愿意接受到这些国家的外派任务。故企业往往会降低选派标准，或是选派刚加入企业的大学毕业生，考虑到其年纪轻，适应力较强，并且无家庭方面的负担，可以较长时间留在海外。

然而，许多企业外派失败的经验表明，除了语言能力外，外派人员与客户开展业务的能力随着业务的展开变得越来越重要，而一般人员以及刚加入企业的大学生在这方面明显缺乏。跨文化管理对外派人员的能力要求是多方面的，不仅需要外派人员具有较强的专业技能和丰富的工作经验，还必须具有对其他文化的较强适应力，具体表现在语言适应性、当地文化适应性、人际关系适应性、以及良好的沟通能力和快速学习新知识的能力等。此外，外派人员的个人基本道德素质也是不可忽视的因素。由于企业的忽视和偏见，使得外派结果往往不甚理想，给企业造成较大损失。

（二）缺乏有效的培训

对外派人员及其家庭成员进行有效培训是企业外派人员管理中的一个重要环节。缺失此环节将影响外派效果。遗憾的是，目前大多数中国企业并没有对外派人员进行系统性培训。只是在出国前进行简单而短暂的指导性培训。大多数企业认为关键还是要靠外派人员发挥自身主动性。其实这是过分夸大人的主观能动性而忽视了培训的必要性。应该说，进行一些针对性地培训，对外派人员进行指导和教育还是必要的，可以弥补其在某些方面的不足或是改正其错误认识。培训并不是可有可无的，也不是企业所认为的那样简单。科学的培训应该是系统的，有针对性的培训。企业如果只关注对外派人员外派前的培训，忽视对其在东道国工作时的动态培训以及回国后培训，则培训最终并不能起到良好的效果。

（三）外派人员的家庭因素

由于外派人员将在较长一段时间内留在国外，因此大多数外派人员会举家前往外派国，这在发达国家十分普遍。但在我国，由于人们的乡土观念比较重，举家迁徙的现象不是太常见，多数是两地分居。这就带来了家庭关系不和谐的隐患。长期的两地分隔，使得双方不能同时分担家庭负担，造成一方的不堪重负，时间一长即会引起对方的怨言和不满，双方关系也趋向恶化。还有就是子女教育的问题。由于两地分隔造成家庭的不完整性，父母有一方不能在子女成长过程中承担起应尽的责任，对子女将来的发展造成不良影响。这种影响是多方面的，包括性格、行为、价值观等。这些问题都会对外派人员的情绪造成影响，使其无法安心工作，从而影响工作绩效。

（四）缺乏有效的管理机制

针对外派人员的管理和机制缺乏足够有效的办法，导致难吸引人、难留住人。往往企业在选拔和激励外派人员时，仍采用过去的方法，不能根据外派人员的工作特点、环境特点和员工潜在需求进行调整，不自觉地把过去管理国内人员的想法、分配方式运用到国际外派人员上，导致员工对参与国际工程承包业务兴趣不浓，影响国际工程承包业务发展。

（五）缺乏持续有效的绩效评估

外派人员的绩效评估，是指跨国经营企业依据工作目标或绩效标准，采用科学的方法，评定外派人员的工作目标完成情况、外派人员工作职责履行程度以及外派人员的发展情况等等，并将上述评定结果反馈给外派人员的过程。外派人员绩效评估是跨国经营企业对其战略目标实现过程的一种有效的控制。目前我国大多数跨国企业缺乏对外派人员的绩效进行及时有效的评估，即使评估也是单一化的基于业绩的评估，缺乏全面性和系统性，对外派人员的控制以及企业战略目标的实现作用影响不大。应该说，绩效评估是一个系统化的过程，应包括工作目标、考核指标和方法、事后反馈等一系列环节。只对某一方面采取重视的态度而忽略其他方面，绩效评估的客观性必将受到影响。同时，大多数企业对外派人员的绩效评估重视程度不够，没能发挥绩效评估对外派人员的监督和控制作用。

三、海外派出人员的需求特征

对许多期待走出国门的建筑企业来说，人才的匮乏是致命的缺陷。海外项目面临复杂的外部环境，会遇到各种复杂的问题，需要熟悉海外市场法律、精通业务、懂当地管理的高素质复合型人才。

海外项目管理人员应具备以下能力：熟悉国际惯例和国际项目管理方法，熟悉当地投标规程、技术规范和验收标准，了解当地有关材料采购、融资、工程保险及财务管理的要求，了解当地文明施工的要求及当地文化，熟悉合同管理和风险控制流程，具有较强的外语能力。这类人员也统称为管理人员，通常是具有一定知识的人员，亦称知识型雇员，其年龄、专业、阅历等差异较大，项目工作的目的差异也大。较高的收入待遇、丰富自身工作经历、实现自身价值、开眼界长见识、改换工作环境等都有可能是他们的目的。这类人员大都受过系统的专业教育，具有一定的学历，掌握项目需要的专业特长，有强烈的求知欲、学习能力和发展潜力，重视实现自身价值，往往把工作成果放在比物质报酬更为重要的目标位置。与之相对应的作业人员则一般来自农村和较贫困地区的农民工，其家乡一般缺乏物资资源、工业产业、就业机会，难于维持自身和家庭生活，缺少致富的机会

和条件。这类人员的目标和愿望比较明确，是为了生存，以获得较高的工资收入来改善自己和家庭生活。

四、对策建议

人员外派的一个显著特征为派遣成本很高。一般的，一名外派人员的总费用将是其在国内的3~4倍。而外派失败的成本则更加昂贵。在战略人力资源越来越被重视的今天，战略性的思想也应该渗透到人力资源管理的各个环节中。因此，在对外派人员的管理中采取战略性的管理将是未来发展的趋势。战略性外派管理包括人员选拔、培训、绩效和薪酬管理、外派人员的归国安置等方面，具有系统性和过程性，涵盖外派前、外派过程中、外派完成归国后的全部过程。

（一）"三位一体"的外派人员选拔体系

企业外派的成败直接决定着企业在东道国的发展。企业进行外派人员选拔时应该考虑其是否能胜任外派的工作。韦恩·卡肖认为，国际经理人员选拔标准包括五大方面，即个性、技能、态度、动机和行为。赵曙明等学者则从驻外候选人的个性特质方面加以分析。笔者认为，外派人员的选派应该基于"三位一体"的选派体系：包括文化适应力，专业知识和技能，个人素质三个方面，形成一个整体。其中，外派人员的文化适应力包括：熟悉并适应东道国的政治形势、法律政策、语言以及历史文化风俗习惯等；专业知识和技能指外派人员必须具备过硬的专业方面的知识，丰富的阅历和实战经验，以及体现在实际工作中的创造力、分析问题能力、人际交往能力、语言沟通能力等。新进员工由于经验较少，一般无法胜任外派工作。外派人员的个人素质主要是个人品质，心理素质以及道德素质。外派人员必须有对外派工作的热情和兴趣，吃苦耐劳，认真踏实的品质，以及积极向上的乐观心态。我国跨国企业经营

区域主要是发展中国家，当地环境比较艰苦，因此需要外派人员在艰苦环境中具有坚韧不拔的毅力。此外，由于目前在外派过程中经常发生外派人员利用职权私自侵吞公司资产的不法行为，因此企业还应加强对外派人员基本道德的考核，避免其产生对公司不利的败德行为。但是，这些能力和素质往往具有隐藏性，不易被识别和测量。因此企业必须采用科学的方法对员工这些能力和品质进行测试。我们认为，企业在经过了面谈、评鉴中心等手段后，可以通过对外派人员进行短期培训加再评估的"逆选派"方法。此外，企业还可以成立专门负责海外业务的机构，主要用于选拔培养和培训外派人员、组织外派团队、协调海外分公司与总部或者公司内其他部门的关系、帮助驻扎在海外的团队等职责，以促进母公司与海外分公司之间紧密联系和顺畅沟通。正如J.Stewart Black和Hal B.Gregersen指出的，外派是一项投资巨大且长远的活动，成功的外派应该是促进知识的创新与传播，以及外派人员才能的培养。

（二）多角度、多途径培训

对外派人员进行事前培训是提高其适应力的必要手段之一。大多数跨国公司已经认识到文化上的差异性对外派成功的决定性作用，具体表现在对当地文化风俗习惯、语言、宗教信仰、饮食等进行介绍和相关培训。这种培训方式对于普及东道国文化具有积极的作用。但是，如果培训仅止于此是远远不能保证外派成功的。对外派人员的培训应该是多角度的，还须进一步提高外派人员的沟通能力、人际交往能力、学习新知识的能力以及处理家庭问题的能力等等。其中，外派人员的家庭问题包括配偶和子女对其外派的适应性、子女的教育问题、双方分隔两地对家庭造成的影响等方面。外派成功必须得到家庭的支持，外派管理应努力降低家庭因素对外派的不利影响，增强外派人员自身的"抗风险"能力。

同时，培训还应是多途径的。因方法的不同可以采用如面谈、标准化测试、跨文化角色扮演、海外短期实习等手段；因技术的不同还可以采用书籍形式、影音形式、互联网技术等；因人的不同还可以采用集体培训和个体培训两者结合的方式，二者互补不足，既做到普遍性，也考虑到个人的特殊性；因时间的不同可以采用外派前、中、后式的系统化、连续性培训。外派前培训在于为外派做好准备，外派中培训也可以称为实地培训，充分提高外派人员在具体工作中的实战经验，而外派后培训主要是针对将来的归国适应性进行的培训，让外派人员尽快调整心理落差，克服逆文化带来的冲突和不适应。总之，要想成功实施外派，对外派人员进行跨文化的有效培训至关重要。

（三）基于目标的绩效考核和薪酬体系

对外派人员的绩效考核往往是企业忽视的一环。由于地域相差太远，实际对外派人员的管理往往变成放任式的管理，再加之缺乏有效的激励措施，使得外派人员的自主管理成效甚低。目前大多数企业仅依据最终的业绩判断外派人员是否称职，然而企业业绩的决定因素是多方面的，与其相联的其他各个经济实体对其业绩水平都可以产生影响，仅凭业绩的高低定论工作绩效，势必造成外派人员内心的不满，遂产生离去之意。即使仍留在企业内部，对企业的忠诚度也会大大降低。因此，企业应该建立一套客观有效的、基于目标的考核体系。首先是目标要明确，让外派人员知道年终时到底要完成什么。在外派之前，可以制定出一个总体的战略目标，明确完成的时间，然后分解为阶段性的子目标，清晰列出完成目标所需的人力、物力、财力，尤其要考虑东道国方面的支持情况，如东道国员工的胜任力、人事政策、企业内部文化、各部门协调性、权力集中度、东道国的经济发展程度、政府相关经济法律政策等。此外还需考虑到实施过程中可能出现的困难，并分析这些困难对目标实现到底会有多大的影响。哪些是可控制因素，哪些是不可控制因素。评估手段也应该是定量与定性相结合，做到客观公正地衡量外派人员的绩效。

薪酬的制定可以基于绩效考核结果而定，同时还需考虑到员工的基本生活保障问题，可以实行基本工资加绩效工资，外加相关补贴的形式。基本工资保障外派人员基本生活，绩效工资体系起激励作用，而补贴工资则是对外派人员住房、子女教育、税收以及精神方面的补偿。这样既可以激励外派人员，又可以增强其对企业的忠诚度，降低离职风险。

（四）引入职业生涯管理

外派人员的激励应从职业规划入手。很多国际型总承包公司为派遣人员去国外而头疼，优秀的人不愿去，愿意去的人不放心。之所以优秀的人不愿意去，主要是担心派出3至5年回国后，发生脱节而影响自己后续成长。因此，要激励员工积极参加海外项目，企业必须开展外派人员的职业发展规划，给外派人员设计合适的晋升通道，对一定级别的高级管理人员设置必须具备海外项目经验等条件。

大多数的员工选择外派主要是为了获得跨国化的管理经验，促进个人未来的职业发展。因此，薪酬激励固然重要，但却不是最关键的因素。如果想要真正留住并激励员工，进行有效的职业生涯规划和管理，努力为其创造一个事业发展的机会和平台十分重要。因此，在外派过程中有效引入职业生涯规划的概念，帮助员工制定适合自己的事业发展规划不失为解决外派失败的一剂"良药"。目前存在的普遍问题是外派人员接受外派后自我职业规划不足，而大多数跨国公司也都忽视对外派员工的职业发展作长期的规划。职业生涯规划与管理作为一种有效的自我管理手段，可以帮助员工建立明确的职业目标，激发员工工作积极性，将工作当成事业来经营并为之而奋斗。

要想真正做好职业生涯管理，需要从企业和员工个人两方面着手：企业方面要做到明晰外派人员的职业期望并以此为依据为员工量身订制一套行之有效的职业发展规划，对员工在工作过程中出现的现实与期望之间的冲突要合理处理，尽量使二者达到一致，避免员工产生挫败感。为了使员工的期望具有现实性，公司可以通过加强对外派人员的绩效考核帮助员工清楚地认识到自身期望与现实的距离。员工个人方面要做到自我负责、自我评价以及适时的自我调整。有些员工缺乏对外派的重视，仅仅将其看作是一项强制性的"任务"而不是职业发展中的一部分，抱着完成任务式的心理，只求熬完这段时期回国，并不考虑自己在此期间应该做些什么；还有些员工则将外派作为一次免费外出旅游的机会。这些想法都与企业初衷相违背。外派员工首先要树立一种对企业、对自我的责任和意识，本着负责的态度看待并完成外派的使命。其次就是自我评价，这是对自身实际能力的客观评估，清楚自己的能力到底能达到一个什么高度，避免不切实际的期望。这种自我评估可以在上级以及同事的帮助下进行，尽可能做到客观。最后就是实施过程中的自我调整，这种调整依据外部环境的变化、对工作任务认识的深入而作出改变，可以看作是对自我规划过程的控制。只有通过从企业与个人两方面的努力，外派人员的职业生涯规划与管理才能真正发挥作用。

（五）外派人员归国安置问题

目前外派人员回国后的安置及职业发展问题还没能纳入跨国企业人才发展战略的一部分。归国安置虽然只是外派管理的后续阶段，但其是否有效直接关系到外派人员对企业绩效贡献水平以及忠诚度。目前外派人员归国后普遍遭遇的一个尴尬就是对国内状况的不适应。这种不适应主要来源于国内经济的发展、人们生活习惯及观念的转变等。外派人员由于长年在外，对国内状况已不甚熟悉，脑海中仍是出国前的的印象，而在外派时期内又缺乏与国内的及时沟通，使得这种印象无形中固化，形成定式思维。一旦回国，短时间内难以调整过来。人们将这种现象称为"逆文化"冲突。这也从一个侧面反映出跨国公司外派管理上的疏忽，即缺乏与外派人员就国内状况进行动态的沟通。业绩导向的考核使得企业只关注外派人员的工作成效，忽视对员工生活方面的关心。这种忽视在外派人员归国后就会立刻显现出来。因此，跨国公司在对外派人员进行管理时除了出国前的培训、东道国的间接控制外，还必须对外派完成后的归国安置问题进行有效管理，形成一个系统的过程。为了有效克服逆文化带来的冲突，公司在外派人员外派期间就要做好其与国内的动态交流，让外派人员及时了解国内发展情况。同时还需加强外派人员与家庭的定期沟通，以缓解家庭矛盾。企业可以采取允许外派人员定期回国探亲的方法，这样一方面可以促进家庭和睦，另一方面也可以让外派人员亲身感受国内状况。

此外就是外派人员回国后的职业发展问题。许多外派人员归国后对自己的职位安排并不满意，感觉企业对其所拥有的国际管理经验并不重视，继而萌生离职之意。归国安置问题在外派人员归国之前，甚至是在外派之前就应该做好规划，并纳入外派人员职业规划中来。要么事先确定好，要么依据外派过程中的实际表现为其安排合适的职位，并与外派人员充分沟通，帮助其调整自身期望与现实之间的差距，达到企业与外派人员二者期望的一致性。总之要做到外派人员的平稳过渡，给予外派人员足够的重视，将其拥有的国际化管理才能与经验视为企业一笔宝贵的财富，避免外派人员产生失落和不满心理，以及离职行为。

以中建股份为例。中建股份致力于持续健全和完善外派人员回国安排机制。如，健全外派人员回国工作制度；做好外派人员的回国工作规划；提前考虑外派人员回国后的再安排，并有计划地安排外派人员回国工作；统一协调，做好外派人员回国后的安排；发挥集团优势，多渠道安排外派回国人员；对于在海外工作时间长、表现好的骨干人员，集团要重点推荐、优先安排，并在重新聘任的岗位职级、薪资待遇等原则上不低于海外工作时的职级；对长期在海外工作，表现好、能力强、业绩突出的外派回国人员，回国后可根据情况提职任用。中建股份在归国人员安置方面已积累了一定的成功经验。

（六）提高外派人员忠诚度

离职影响因素一般包括薪酬、工作内容、晋升制度、工作机会、家庭因素等。其中，薪酬和工作内容、晋升通道往往成为员工决定去留时主要考虑的因素。有效降低外派人员的离职率，促进外派成功，关键是要加强对外派人员忠诚度的培养。由于企业在外派上花费的成本十分高昂，故外派人员的离职或低效将造成企业巨大的损失，企业不可忽视员工的组织忠诚度问题。以往的研究表明，组织忠诚度作为组织公民行为的一个重要方面，对促进员工的敬业精神、团结士气、提高企业绩效具有显著作用。笔者认为，加强对外派人员忠诚度的培养可以从培养其道德意识方面入手，增强员工将组织忠诚度作为基本道德素质的意识，从而建立对企业的归属感和责任心。而有效引入职业生涯管理对提高组织忠诚度和降低离职倾向亦有显著影响。此外，企业还可以对外派人员的离职行为进行规范。可以通过在签订劳动合同时事先确定员工的不合理离职行为，并给予一定的惩罚措施，降低员工的离职率。

五、取长补短，推行人力资源本土化策略，实施人力资源优化配置，降低项目成本，最大限度实现企业价值最大化

人力资源管理是企业管理的核心，建立配套的人力资源开发机制是海外项目成败的关键。

海外工程建设周期长，人员构成复杂，难以避免各种矛盾。项目部要促进人员团结协作，充分发掘每个人的特长，实现人力资源的优化配置，从而增加项目的经济效益。

建筑承包商在用文化整合策略体现项目团队自身特色的同时，还应积极吸纳世界文明，吸收借鉴先进的经营理念与管理方法，并加以创新，整合梳理出具有团队特色的、既具有时代气息又能保持其核心价值观的团队文化。因此，建筑承包商应结合本企业所在地市场资源情况，积极推进管理人员的属地化工作，包括机构所在国籍以及第三国管理人员的招聘、使用、培训和管理等，使团队内人员来自不同文化背景，每种文化都有独特的思维方式，利用文化差异可以成为引发组织创新的重要资源，激发解决问题的新思路和新发展，提高项目团队灵活应变的能力。因此，在进行文化整合时，管理者对不同文化的特质进行比较，吸取各种文化中的精华，去粗取精，实现异质文化的兼容和融合，形成共同的价值观和目标愿景。因此，承包商要大胆地、较多地聘用当地人员，实现国内与当地的有机结合（普通管理和技术人员以当地为主）。当地员工熟悉所在国国情、法律、文化传统及行为和思维方式，并能顺畅地与当地政府部门等进行沟通，从而显著增强东道国的信任感，保证项目管理人员的相对稳定，最大限度地消除文化隔阂，增强项目组与东道国政府打交道的能力。建筑企业驻外机构的人力资源管理体系当中，应该包括属地化人员的管理，并吸收、培养和拥有合格的属地化人才作为人力资源管理工作的一项重要任务，并逐步实现人力资源当地化配置，降低人工成本，为项目的实施创造有利条件。

结合国际工程项目的经验分析，以下三个方面的人力资源可以实行当地化配置：

一是普通管理人员当地化。为加强对项目的执行和管理，我们可以在当地聘用一些有跨国经营项目管理经验的普通管理人员充实到项目管理层，一般安排到部门副经理及以下岗位上。对这些人才的聘用，不仅可以加强和提高我们组织与管理项目的能力，而且还可以通过当地管理人员去实施项目管理，缩短与当地沟通磨合的时间，避免和减少与当地的摩擦，提高工作效率。

二是技术服务人员当地化。在当地聘用一些有跨国经营项目经验的设计、采购、计算机网络等普通专业技术人员，充实到项目技术支持服务层，对项目实施提供技术支持和服务。对这类人才的聘用，可帮助我们解决项目实施中的具体专业技术问题。

三是施工作业人员当地化。随着国际工程承包市场竞争的日趋激烈，利用当地施工队伍已是控制项目成本的一项重要举措，这样不仅可以降低人工成本，减少施工机具运输等费用支出，而且还可以缩短人员派遣的时间差，为项目施工提供充足的人力和时间保证。尤其是随着中国国力的增强，国内人工成本增加迅猛，国外和国内工资差距不大，愿意出国的建筑工人不容易招到。当地政府考虑到当地就业问题，一般要求承包商雇佣当地工人，但牵涉到工作签证的问题，造成中国工人难以大量成行。因此雇佣当地管理人员及工人成为趋势，也是检验公司国际化程度的标准。

实行上述三类人力资源当地化配置，要注意提高中方管理人员在项目中的核心地位，加强对当地雇员和施工队伍的管理和调控，充分发挥项目决策和管理层的领导作用，使项目始终得到有效控制，在降低项目人工成本的同时，保障项目有序运行，从而实现中资企业在国际工程承包市场上的利益最大化。

六、结论

随着经济全球化程度的进一步加深，越来越多的中国企业加入到跨国经营中来。采取国际化经营将是中国企业在全球化经济中生存和发展的必然选择。届时，将会有大批人员被外派出去，为母公司拓展海外市场，协助母公司管理海外企业，保证子公司与母公司之间的沟通顺畅，而企业也可以因此培养出一批具有国际管理经验的优秀人才。然而，目前外派人员失败率以及离职率居高不下的现状也给每一个即将走上跨国经营道路的中国企业敲响了警钟。如何克服外派过程中的低效率是目前中国企业应该积极思索的问题。企业应该尽快建立一套基于外派人员胜任力的科学考核体系，降低外派失败率。同时还需对外派人员进行有效培训和沟通，从外派的各个时期，各个方面进行有效管理，并从根本上重视外派人员的价值，重视外派人员所拥有的宝贵的跨国管理经验，将其视为企业的一笔无形财富。这无疑将提高外派人员的忠诚度，激发外派人员努力工作的热情。总之，对外派人员的管理不仅需要从制度上、物质上，更要从精神上给予其足够的甚至超出他们期望的关注，只有这样才能从根本上解决外派失败以及高离职率的问题。⑥

参考文献：

[1] 王洛林.中国战略机遇期的经济发展研究报告[M].北京：社会科学文献出版社，2005.

[2] 张剑.新形势下中国企业的跨国经营[J].集团经济研究，2006（1）.

[3] 赵曙明.人力资源战略与规划[M].北京：中国人民大学出版社，2002.

[4] 惠容，刘欣.美国跨国公司外派人员管理及其启示[J].商业研究，2000（11）.

[5] 陈霞，段兴民.外派人员的绩效评估[J].科学学与科学技术管理，2001（10）.

[6] 王明辉，凌文辁.外派员工培训的新趋势[J].中国人力资源开发，2004（8）.

[7] 张德.人力资源开发与管理[M].北京：清华大学出版社，1996.

[8] J.Stewart Black & Hal B.Gregersen, The Right Way to Manage Expats[J].Harvard Business, March/April 1999.

（上接第70页）
在问题、障碍与冲突。这方面的研究和探讨只能作为今后和下一步的研究方向。

从综合集成的思维看我国大型工程项目管理可以发现，今后我们项目管理水平提升的空间非常巨大，只要我们常怀系统的观念，并勇于在工作中实践，我们每天都有可能提升。⑥

参考文献：

[1] 钱学森，于景元，戴汝为.一个科学新领域－开放的复杂巨系统及其方法论.自然杂志，1990（1）.

[2] 钱学森，戴汝为.论信息空间的大成智慧——思维科学、文学艺术与信息网络的交融.上海：上海交通大学出版社，2007，1.

[3] 顾基发，唐锡晋.综合集成方法的理论及应用.系统辩证学学报，第13卷.

[4] （美）Harold Kerzner.项目管理：计划、进度和控制的系统方法（第七版）.杨爱华等译.北京：电子工业出版社，2002.

[5] 项目管理协会.《项目管理知识体系指南（第三版）.（美）卢有杰，王勇译.电子工业出版社，2005，1.

[6] 于景元，涂元季.从定性到定量综合集成方法.系统工程理论与实践，2002.

[7] （美）James P. Lewis.项目计划、进度与控制（第3版）.赤向东译.北京：清华大学出版社，2002，10.

[8] （英）F. L. 哈里森.高级项目管理：一种结构化方法.杨磊，李佳川，邓士忠译.北京：机械工业出版社，2003，1.

[9] （美）戴维·I.克利兰.项目管理——战略设计与实施.北京：机械工业出版社，2012，8.

依法合规　创新管理　维护稳定

——建筑业农民工讨薪群体事件对策探讨

张　剑

（中建铁路建设有限公司，北京　100053）

自20世纪90年代起，我国大中型建筑企业开始实行管理层与劳务层分离。从本世纪初起，大批企业实现对第三层次中小企业关闭、归并和改制，建立新的行政建制，构建以工程总承包企业为龙头、专业承包企业为骨干、劳务分包企业为基础的新格局，其中劳务分包企业主要从业人员是农村剩余劳动力到城市务工的农民。据国家统计局统计，2012年全国建筑业从业人员总计3852万人，其中施工现场操作人员基本是农民工，总人数达3245万人。近年来，建筑业拖欠农民工工资现象时有发生，特别是铁路、公路工程项目尤为严重，在全国各地普遍发生过成规模的农民工讨薪群体性事件，有的地方甚至引发流血事件，直接影响到经济发展和社会稳定。

一、建筑业农民工讨薪群体性事件的状况及影响

1.建筑业农民工讨薪群体事件表现形式

农民工普遍文化水平不高，法律意识比较淡薄，也由于通过法律渠道解决欠薪问题时间比较漫长，所以遇到欠薪问题很少通过法律渠道解决，基本上采取简单直接的手段，主要表现形式有：

（1）占领施工现场，阻止、干扰正常施工。

（2）围堵欠薪单位的项目经理部，干扰正常办公秩序。

（3）围堵政府部门。

（4）聚众上街游行，阻断交通。

（5）自残、自杀等过激行为。

（6）其他形式。

2.建筑业农民工讨薪群体事件数量分析

农民工因讨薪而发生的群体性事件涉及到建筑企业的声誉和当地政府的形象，企业和政府部门很少对外公布群体性讨薪事件的规模及数量，无法得到比较可靠的数据。但从媒体公开报道的情况看，近年来建筑业农民工讨薪群体事件数量成倍增长，发生地点也很普遍，几乎覆盖了全国各地，参与群体事件的人数和规模也呈上升趋势。

3.建筑业农民工讨薪群体事件的危害

（1）严重侵犯农民工的合法权益，使农民工遭受物质和精神的双重伤害。欠薪对农民工而言，最直接的损失就是本该属于自己的劳动报酬无法及时得到；其次是农民工要为讨要报酬又一次付出代价，包括讨薪的误工费、食宿费、交通费等；第三是精神损失，讨薪过程自然要忍气吞声，甚至还要付出流血乃至生命的代价。

（2）给建筑企业造成重大经济损失。每当发生农民工讨薪群体性事件，建筑企业都要为事件的平息付出经济代价，除了要立刻代欠薪分包企业支付农民工的工资，还要为平息事件付出大量的人力、物力成本。

（3）给建筑企业的声誉造成负面影响。

农民工讨薪群体事件常常以围堵施工现场、围堵项目经理部、围堵公司机关办公楼、打横幅、挂标语等形式出现，会引起媒体的高度关注和大量报道，给企业的形象和声誉造成很大的负面影响。

（4）给社会稳定造成恶劣影响。大规模的农民工讨薪群体事件往往出现上街游行、阻断交通、围堵政府机构等状况，严重干扰社会正常秩序，个别农民工采取过激行为，成为社会不稳定的极大隐患。

（5）伤害政府形象，损害党群关系，破坏和谐社会的建设。

二、建筑业农民工讨薪群体事件发生的原因分析

建筑业农民工讨薪群体事件归根结底是拖欠农民工工资引发的，拖欠农民工工资的问题一直不能得到根治，原因有多方面。我国实行城乡隔离的二元户籍制度、劳动力市场供大于求，行业违规操作，法律，法规不完善；执法部门监督不力；保障措施不到位；建筑企业在用工方面存在结构性管理缺陷，对农民工的利益缺乏保障；农民工自身法律意识不强，维护个人权益方式简单，不愿意或难以按照法律程序办事等等。

（1）政府部门规范劳动力市场的力量不足，相关政策措施不完善、不健全，难以避免、制止和及时处理欠薪问题。目前我国仅有劳动监察员4万多人，面对的却是上千万家企业，处于被动应付的状态。而且劳动部门宣传力度不足，处罚力度不够，在发生欠薪以后，劳动部门面对企业常常力不从心，更有执法时"有法不依，执法不严，违法不究"现象发生。行政执法部门执法力度不够，执法手段不足，处理程序过长，直接影响拖欠农民工工资的执法效果，导致拖欠农民工工资的企业、欠薪逃匿的经营者得不到法律制裁，使得拖欠农民工工资现象较为普遍和严重。

（2）复杂的劳动争议案件处理程序加大农民工维权的艰难。依据《劳动法》第82条规定，劳动争议案件的仲裁裁决应在收到仲裁申请的60日内做出；对劳动争议仲裁委员会的裁决不服的，可以在收到裁决之日起15日内向人民法院起诉；根据《民事诉讼法》的相关规定，对一审判决不服的，可以向上一级人民法院提起上诉；上诉期间总计达八个月以上，还不算向法院申请执行的期间。复杂的劳动争议案件处理程序、漫长的"马拉松"式的处理周期，往往给了用人单位以可乘之机，甚至得以逃避。也使许多想走法律途径的农民工面对遥遥无期的仲裁程序而停住了脚步。其次，劳动法律、法规对拖欠工资的处罚过轻。我国劳动法相关法律基本都属于行政法的范围，其对违法行为处罚的严厉程度有限，违法成本显然太低，不足以产生威慑力，而一般情况下只要用人单位补发工资即可不再追加处罚，严重一点的劳动者打到劳动仲裁，也只是对用人单位加罚拖欠工资25%的补偿金，对用人单位处罚太轻，也是造成拖欠工资屡禁不止的重要原因之一。

（3）建筑企业经剥离改制变革后，一般实现三级管理：公司、分公司、项目部。在经营与生产实际中，客观存在着公司、分公司、项目部、分包四个层面，建筑企业的自有职工一般都在前三个层面工作，第四层面大多数是劳务分包公司，农民工都是由劳务分包公司雇用，拖欠农民工工资基本上都发生在劳务分包公司。由于我国目前还没有形成比较规范的劳务分包体系，劳务分包公司实际上大多还是以"包工头"为主，作为总承包的建筑企业，往往对劳务分包公司的质量和进度监管较严，但对劳务分包公司监管力度不够，对农民工工资的发放缺乏必要的监管措施，致使发生劳务公司拖欠农民工工资现象屡屡出现。

（4）劳务分包企业经营管理不善，以至亏损而无力支付工资。由于劳务分包企业本身原因经营管理不善，导致工程项目亏损，使其

面对巨额的工资而无力支付，有些"包工头"见利忘义，携款逃匿产生拖欠工资。更多的是劳务分包企业层层转包，然后形成层层拖欠，其中小型分包企业或者"包工头"因此亏损而无力支付工资，如今发生的绝大部分拖欠工资就是因为层层分包过多而导致的。

（5）劳务分包企业为了防止农民工"逃跑"，故意拖欠工资。为了保持施工的正常运转，劳务分包企业为了防止农民工在拿了工资后辞职而造成工程无法按时完成造成损失，故意"押"着一、二个月甚至几个月的工资不发。在建筑施工企业中，普遍存在着农民工多、人员素质低、作业时间长、劳动强度大、工地分散、人员流动性大的特点，对农民工的管理的确有一定难度。一些劳务分包企业不是通过订立劳动合同、依法制订规章制度等合法的途径去管理，而是把欠薪作为管理制约农民工的"法宝"，有的以拖欠工资来防止他们离岗跳槽，工资成了变相的押金；有的以维护劳动纪律为由，对认为是不大听话的、有违反其管理规定行为的农民工工资随意扣减；有的以保证工程质量为借口，把农民工工资当成保证金，待工程完工验收合格后，工资才能结清。这种管理农民工的所谓"经济手段"，在建筑行业中被普遍采用，成为拖欠工资的一个重要原因。

（6）有些工程项目资金不到位，业主拖欠工程款。

（7）从农民工本身的角度看，法律意识较淡薄，大部分文化素质不高，不知道自己享有什么权利，甚至有许多人不知道还有一部保护他们利益的《劳动法》，即使知道的人也不会运用此法来保护自己，大部分农民工既不懂怎样打官司也怕打官司，在被拖欠工资后不知如何保护自己的权益，不知如何请求法律援助，而是采取简单直接的集体围攻项目经理部、围堵政府机关、上街游行等不理智的方式，酿成层出不穷的群体性事件。

三、解决建筑业农民工讨薪群体事件的对策

建筑业农民工讨薪群体事件的根本原因是拖欠农民工工资问题，解决此问题对于维护农民工的合法权益，保障农民工的基本生活，维护建筑企业自身的利益和形象，维护改革、发展和稳定的大局具有十分重大的意义，也是彻底解决农民工讨薪群体事件的根本途径。

（一）健全完善现有的法律体系，制定新的法律法规

依法解决拖欠农民工工资问题，关系社会的公平正义与和谐社会的建设。在以往农民工工资清欠行动中，主要采取的是行政手段，而仅依靠行政手段并不能从根本上解决农民工工资拖欠的"顽症"，问题的彻底解决需要有法律的保障，充分运用法律手段是治理拖欠农民工工资的根本保证。

（1）完善法律法规体系，遏制源头的拖欠问题。除国务院下发的《建设领域农民工工资支付管理暂行办法》与最高人民法院发布的《最高人民法院关于审理建设工程施工合同纠纷案件适用法律问题的解释》外，还应当加强《建筑法》等配套法律法规的完善，此外还应当修改《劳动法》保障农民工的合法权益，以及按照《行政许可法》严格规范政府的相应职责，这将有利于解决拖欠农民工工资的问题。

（2）修订《建筑法》的法律条文。解决建筑业拖欠农民工工资需要涉及修订《建筑法》。重点增加和修改以下条款：①制定"建设单位开工前向劳动保障行政部门交纳工资保障金"条款。规定在建设项目开工前，建设单位必须按工程中标价一定比例缴纳农民工工资保障金，由建设行政主管部门负责管理，劳动保障行政部门监督使用。建设单位无法按时足额支付农民工工资，建设行政主管部门有权从工资保障金中划支，用于垫付拖欠的农民工工资。对于

拒绝缴纳保障金的建设单位，主管部门不批准其开工建设；已开工的项目，有权责令其暂停施工。②规定"发包方与承包商承担连带担保责任"条款。制订以发包人工程担保制度为重点的担保条款，要求发包方与承包商共同提供履约担保函，双方在拖欠农民工工资范围内共同承担连带责任。③制定"工程建设项目立项和审批联动"条款。凡存在拖欠行为的单位在申请办理立项、规划、施工许可等手续时，欠款单位必须先结清欠款后，审批部门才给予办理相关手续。对已完成的建设项目有拖欠工程款的，不批准其新建设项目。④加大和细化法律责任处罚力度。现行的法律法规对拖欠工程款的行为缺乏处罚条款，难以有效制约拖欠行为，为加大对用人单位拖欠农民工工资的经济处罚力度，加重用人单位因拖欠工资应承担的法律责任，应在《建筑法》中法律责任部分增加对拖欠农民工工资行为处以高额罚款的规定。

（3）加大地方性法规的立法力度。制定建立企业欠薪报告或欠薪预警制度的具体办法，将企业支付农民工工资情况作为评价企业劳动保障诚信等级的主要依据之一，配合建设行政主管部门建立建筑施工企业和从业人员失信惩戒机制，对少数严重或恶意拖欠农民工工资的建筑施工企业，采取清出当地建筑市场的措施。制定相关的配套法律、法规，使工商行政管理部门在工商登记、企业年检等方面对用人单位拖欠工资的行为进行有效的制约，对长期拖欠工资的用人单位，可以暂缓企业年检直至吊销其营业执照。在企业资质年检时，将是否拖欠农民工工资作为年检条件之一。

（二）加强执法力度，保障有关法律得到有效的贯彻实施

从法律上讲对于拖欠农民工工资的问题，即使我国逐步在立法上完善以后，关键还在于如何贯彻落实。执法上同样也应当建立一种长效机制，把保障农民工权益的法律、政策和措施切实

得以落实。依法治国是方略，法制是保证，监督是关键。执法的公正性不仅需要执法者的公正无私，还应该构建完善的、多层次的监督网络。执法部门应依法开展劳动用工和拖欠农民工工资执法专项大检查，在执法中还应建立和完善农民工工资支付、监控、保障等制度，及时纠正和查处拖欠农民工工资的违法违纪问题，确保有关工资支付法规政策得到全面贯彻执行。

（三）建立农民工权益保护的法律援助机制

为切实保护农民工应有的权益，尽快建立和落实农民工法律援助制度，各部门应充分运用法律手段，通过积极开辟农民工"绿色通道"，为农民工提供解决拖欠工资的法律援助，帮助解决农民工解决拖欠工资的维权纠纷。人民法院在受理拖欠农民工工资的案件时，对经济确有困难的当事人诉讼费应作出减、缓、免的决定；受理案件后尽量缩短审理时间，多适用简易程序，依法快立案、快审判、快执行；对符合条件的可以采取先予执行等措施；在判决时，应当将农民工诉讼的误工费、律师费、旅差费、证人出庭费用等直接损失列入赔偿范围。司法行政部门应加大普法宣传，不断提高农民工自身维权意识。广大律师应积极伸出援手为符合司法救助条件的农民工实施无偿援助。法律援助中心不应仅仅对本市居民提供法律援助，也应外来的农民工提供维权服务。公证机关应积极为农民工提供法律服务，可以会同建设行政部门推行农民工劳动合同公证制度。对拖欠农民工工资的单位，由欠款单位和农民工签订具有强制执行效力的债权文书公证，在欠款到期后，可由农民工直接申请法院强制从工程款中划拨。

（四）建筑企业要创新管理，确保农民工权益

农民工为建筑业快速发展提供了人力资源的保障，为国家经济建设做出了不可磨灭的贡献。建筑企业要做大做强，必须变革现有管理体制，将农民工管理融入企业管理，实现企业

一个轴心下的一体化管理，将分包纳入企业管理体系，作为企业的基础管理来抓，管理与劳务两层不可油水分离，否则必然导致管理层对操作层的失控。

（1）以项目为轴心，以制度为抓手，将分包纳入企业管理体系，加强农民工的一体化管理，从而真正强化企业对施工生产第一线的控制。对分包企业的农民工工资发放保证条款要在分包合同中予以明确约定，并在日常工作中加强监管，确保分包企业按时足额发放农民工工资，必要的情况下，可以由总包单位直接代分包企业发放农民工工资，以避免分包企业拖欠农民工工资。

（2）目前建筑农民工进入工地大部分是经过"包工头"招募临时组织而成，农忙耕地，农闲做工，需要干什么活，干多长时间，都缺乏计划性，自发性、盲目性大，组织化程度低，严重影响农民工作业的连续稳定。建筑企业在具备条件的情况下，应该逐步改变由分包企业招募农民工的现行方式，通过对农民工的培训与考核，直接与农民工建立长期劳动合同，使农民工成为企业的合同制工人，避免因分包造成拖欠农民工工资的情况。

（3）以先进企业文化浸润农民工，增强农民工的主人翁意识。建筑企业要为农民工营造一个"环境布置优美,生活设施齐全,现场整洁文明"的温馨和睦的家。建设工地上可开办"农民工夜校"，通过夜校这一载体，既达到农民工教育培训的目的，又实现项目管理上的诸多要求，在确保企业目标实现的基础上，达到互利双赢。通过以上方式，使农民工的主人翁意识增强，身心健康得以保障，即使发生暂时的欠薪问题，也能够以理智、合理合法的途径解决问题，避免采取过激行动而发生群体性事件。

（4）加强人文关怀，提高农民工生活质量。建筑业的工作环境和条件在众多行业里相对艰苦，劳动强度相对较高，业余生活单调，常年无法与家人团聚，社会地位较低，让很多农民工心理和精神或多或少出现一些问题，这些问题的出现给他们自身的身心健康、家庭幸福乃至社会稳定都带来了种种负面影响。因此，处于行业弱势地位的农民工，对于人文关怀更是需要，加强对建筑业农民工的人文关怀可以帮助农民工调整好自身的心态，提高农民工的归属感，可以促进建设工程项目质量和安全的控制，提升建筑企业的管理水平，提高社会经济效益，促进社会的和谐发展。

（五）提高农民工法律素质，引导农民工合法维护权益

各级政府应当加强教育的投入，举办各种针对农民工的就业培训及法律普及培训，增强农民工的法律素质，提高农民工的合法维权意识，引导农民工以合理合法的方式解决工作中可能遇到的各种问题，特别是当工资遭受拖欠时，一定要及时找相关工会或劳动部门解决，或向人民法院起诉，以维护自身的合法权益。通过培训和指导，使农民工的法律素质得到进一步的提高，防止农民工因维护正当的权益而使用非法的手段，以至于发生大规模的群体事件。

四、结束语

建筑业农民工在社会主义工业化和城市化进程中起到了重要作用，他们群体庞大、人数众多、分布面广、流动性强，是社会安定和谐的重要力量。如何解决建筑业拖欠农民工工资问题，防止发生农民工讨薪群体事件，切实保障农民工合法权益，维护社会和谐稳定，需要社会各方面尤其是政府部门、建筑企业切实负起法定责任和社会责任，农民工自身也要提高法律素质，用合法的方式保护自身权益，只有这样才能为广大农民工和所有劳动者撑起一片美好的蓝天，我们的社会才有公平和正义，才体现出人的尊严和法的权威，诚信友爱、安定有序的和谐社会才能真正的实现。⑤

城市住宅装修工程质量现状及对策思考

王宁

（中建六局，天津 300451）

预防和控制住宅装修工程质量通病是施工单位和各参建单位，以及质量监督部门和政府行业管理部门长期以来一直追求的目标。住宅装修施工涉及的工种门类多，装饰工程又具有直观性，其质量是否达到验收标准直接影响到房屋的使用功能。近年来，住宅室内装修工程质量隐患正成为投诉的焦点，如何有效地控制住宅装修工程质量，使隐患和质量通病减到最小范围，是摆在我们面前的一个课题。本文通过对近年竣工住宅装修质量现状的实际调研，以统计信息为依据，针对其中存在的质量问题，从多角度分析，尝试提出解决问题的对策。

一、近五年住宅工程装修质量现状

1. 对装饰企业的调研

调查对象为北京九家装饰企业，保修期按两年计算（表1~表3）。

2008年至2012年装饰工程平均返修率为9.30%。

2. 对物业公司的调研

随机调查7家物业公司，2008年至2012年共服务5695户业主，对在保修期内施工单位反应不及时进行投诉的户数为77户，占总户数的1.35%。

3. 对工程材料检测

以北京某检测单位在2008年至2012年期间对新建工程装饰材料进场复检的第一次送检结果进行统计（二次复检合格率为100%），见表4。

4. 对劳务队伍的调研

选取某施工企业的两支装修劳务队伍，对人员情况和培训情况进行了调研（表5）。

5. 对人工费调查

将装饰工程的市场价、信息价进行分析如下：

（1）北京地方市场价

2012年装饰工程人工费市场价为木工220元／工日、瓦工300元／工日。

（2）北京工程造价信息价格

装饰工程人工费信息价见表6。

二、装修工程质量问题原因分析

1. 法律法规及标准规范等原因分析

保修期内返修率 表1

年度	每年竣工总户数（户）	保修期内每年返修户数（户）	保修期内每年返修率
2008	5530	709	12.82%
2009	2087	173	8.29%
2010	5308	481	9.06%
2011	3262	377	11.56%
2012	4051	142	3.51%

返修原因汇总表 表2

返修原因	返修户数（户）	占比
因施工因素返修	587	31.19%
因人为损坏返修	1131	60.10%
因材料质量不达标返修	164	8.71%

返修部位汇总表 表3

部位	返修户数（户）	占比
墙面	413	31.89%
地面	228	17.61%
顶棚	142	10.97%
门	337	26.02%
窗	175	13.51%

送检材料合格率汇总表 表4

送检材料	合格率
屋面防水	95.47%
厕浴间防水	100.00%
地砖	100.00%
石材	96.25%
木地板	71.43%
人造板	91.30%
石膏板	100.00%

对于调研结果，从法律法规、标准规范的层面进行分析，发现主要有以下几方面问题：

（1）部分法律法规及标准规范的针对性不强。

现今科技发展日新月异，室内装饰新材料层出不穷，新的做法多种多样，但是相应的验收规范和施工标准却没有跟上发展的脚步，缺乏国家标准、地方标准、行业标准。

①涉及住宅工程施工及验收标准目前有《住宅装饰装修工程施工规范》（GB50327-2001）、《北京市家庭居室装饰工程质量验收标准》（DBJ/T01-43-2003）、《住宅工程质量分户验收指导手册》等。而国家及北京市地方标准均未涉及到住宅工程装饰装修分户验收。住宅使用说明书中亦没有明确的规定。

②建筑装饰工程木制品中，目前国家对于整体橱柜的质保修期和质量保证内容尚无明确规定，行业标准也有待确立，现橱柜售后只能是企业各自为战。

（2）法律法规及标准规范更新不及时。

现行的施工及验收规范中部分规范及图集是20世纪90年代甚至80年代制定的，虽有2000年后更新的标准，但距今已经有近10年未更新，面对今天的新型材料及新施工方法，原来的验收标准很多都不能满足，如《建筑给水排水及采暖工程施工质量验收规范》。目前新材料、新工艺在工程中应用广泛，如墙面液体壁纸、软膜天花等，但国家标准及地方标准均不能做到及时更新。

装饰队伍 表5

单位名称	装饰施工人员总数	每年人员变动率	经北京市培训取证的人数	取证人数占总人数的比例
甲建筑劳务有限公司	170	59%	40	23.5%
乙建筑劳务有限公司	180	70%	30	16.7%
平　均	—	64.5%	—	20.1%

装饰工程人工费信息价 表6

时间	1~2月	3月	4~8月	9~10月	11月	12月	平均人工费
普通工人人工费（元／工日）	85~89	87~91	89~93	89~93	89~93	89~93	88.16~92.16
高级工人人工费（元／工日）	95~125	97~127	99~129	99~129	99~129	99~129	98.16~128.16

2. 设计原因分析

由于社会分工的细化，使原本紧密结合在一起的建筑与室内设计逐渐分离。因此，在进行室内设计及装修时，难免会或多或少地出现对结构的破坏，这种情况可能会造成建筑寿命缩短、建筑材料浪费及能源损耗等问题，严重时甚至会造成建筑的倒塌，危及人们的生命安全。另一方面，建筑设计的粗放和不到位，也是造成大量住宅进行室内装修改造的重要原因。

目前，在住宅室内装修中主要存在着以下问题：

（1）住宅结构的破坏

在住宅装修时，随意在墙地面上开槽或打孔，造成对承重墙、楼板等建筑结构的破坏。

（2）住宅使用功能的大改动

在装修时，有些住户为了实用或扩大房屋空间，将阳台与房屋打通，更为严重的是将厨房移至阳台，增加了阳台的载重负荷。还有一部分住户将储藏柜、煤气灶(罐)、水池等重物移到阳台上，并对阳台板进行开凿、打洞等以解决排水问题，严重者会导致阳台断裂。有些住户为了扩大卧室空间，将卫生间的墙体拆除，与卧室合并成一个空间。这难免会破坏卫生间的防水设施及管道设施，严重影响楼上邻居的排水，并由此引起邻里纠纷。

（3）给排水的随意改动

用户对给排水改造的主要原因是由于管道的位置设计不合理，或在某些位置缺少给排水管道，无法满足住户的某些需求。例如设计中有些管道经过客厅顶部，由于处理不当管道暴露在外，既影响室内美观，又有漏水隐患。

（4）材料的浪费

部分住户对建造房屋时所用的材料不满意，如对原本已贴瓷砖的厨房、卫生间要拆掉重新贴砖，造成材料的严重浪费；有些是因为空间设计不能满足生活需要，拆掉部分墙体或构件；还有住户是因为水路或电路设计不能满足生活需

求，进行局部改造并更换材料。这些拆改在很大程度上造成了材料的严重浪费。

（5）强电、弱电的随意改造

从适用和美观的角度考虑，装修房屋时经常涉及到室内插座及电器配用设施的拆、改、添、装。有些住户在铺设隐蔽工程时不按规定施工，随意增加电气设施的数量，改变电气管线及走向，这样极易造成线路漏电、短路或因防护不当引起火灾事故。

3. 材料原因分析

从检测机构提供的送检材料一次合格率来看，除木地板外均为90%以上，二次复检合格率为100%。从实际调查结果看，由于材料因素造成的工程返修还占有相当的比例（该比例的计算未有权威机构确定），室内精装修为8.71%。造成这种问题的原因是复杂的，主要有以下几个方面：

（1）从材料出厂到使用于施工现场中，各层级监控衔接有缝隙，已不完全适应市场现状，使不合格产品流入到工程中。

（2）从北京市劳务价格看（以2012年为例），从造价信息的指导价和市场实际价格相比较（按定额人工计），市场价是造价信息的1.7倍以上，导致部分企业必须挪用材料等费用对人工费进行补充，使购买材料时以低价为优先，致使材料质量无法保证。

（3）材料采购采取最低价中标方式，无底价竞标、围标、串标情况时有发生。招投标结果是价最低者中标，材料价格低于成本价，导致生产厂家生产便宜货，伪劣材料进入施工现场。

4. 施工管理原因分析

因施工的原因和人为损坏的原因造成的返修，从调查结果看所占比例较高，室内精装修占91.29%。形成这一问题的原因比较复杂，主要有以下三个方面：

（1）施工造成的工程返修是一个影响工

程质量的关键因素。施工操作的水平高低与劳动人员的专业素质密切相关，而北京市建筑专业操作工人的水准正呈下降的趋势：①专业工人因年龄等原因逐步退出或退休，一些老泥瓦工、木工数量逐年减少，而大多数的年轻一代不愿意从事这些建筑专业操作工作；②工人持证上岗率低，大多工人未经专业培训。由于人员变动率过大和取证人数比例过低，造成操作工平均素质较低，对施工工艺的理解和完成实体工程水平参差不齐；③上岗证培训不规范，缺乏严肃性。各种建筑专业技能取证培训机构繁多，但培训质量差，缺乏实效性与系统性，更有的只交钱不上课也能取证。

（2）由于施工队伍选择造成的返修。很多小业主购房后自行二次装修，较多选择自行装修或选择无资质的游击装修队伍、无资质的小型装饰公司。这些小公司管理水平、施工水平参差不齐，他们为了追求利润，往往不予认真组织施工，给日后带来非常多的问题，如墙面开裂、漏水、吊顶开裂、地砖空鼓等。

5. 政府监督

政府监督是一个涉及材料生产、加工、设计、施工、维护等多行业、多部门的一个系统复杂的工程。从2000年工程竣工实行备案制以来，强化了业主、设计、监理、施工等方面的自身约束和互相监督的责任。由于每年北京市住宅工程开复工面积呈大幅增长趋势，政府监管工作需要进一步完善和创新。

三、提高城市住宅装修工程质量的对策

1. 设计方面的对策

（1）住宅建筑设计应坚持以人为本，注重人的舒适度，使住宅空间与住户生活相适应。设计方案最好能将设计深入到室内设计这个阶段，考虑住户在进行室内装饰设计中可能会引起的一些问题，这样才能使外部空间与内部空间统一协调，避免外部美观而内部很难使用的建筑空间的产生。

（2）住宅建筑设计应注重细节。设计师不仅要熟练专业技能，还要深入了解住户生活的细节，设计应与调查同步。建筑电气要按家用电器的定位进行设计，开关、插座的位置必须进行细致的考虑。随着一些大负荷用电设备进入家庭，更要求位置、数量的精确性以及使用的安全性。对这些细节的设计要综合考虑，统筹安排，要对部分家具、灯具、厨具、卫生洁具等可变部分进行分析、预测，为其日后的装修留有余地。

（3）对建筑师及室内设计师的专业水平应严格把关。目前建筑装修市场对室内设计师的要求并不严格，很多企业在招聘设计师时对专业要求不高，只要求有一定的工作经验和会电脑操作，这远远不能满足对专业室内设计师的要求。室内设计师一定要经过专业培训，要具备一定的建筑知识。

（4）建筑设计与室内装修设计一步到位是住宅发展的趋势。建设部住宅产业化促进中心推出的《商品住宅装修一次到位实施细则》明确指出：装修一次性到位是指房屋交钥匙前，所有功能空间的固定面必须全部铺装或粉刷完成，厨房和卫生间的基本设备全部安装完成，方能称作全装修房。全装修房基本上弥补了装修上的问题，住户不需要对房屋进行再改进。住宅室内装修与住宅建筑一步到位的设计，对建筑师的设计要求更加严格，不容许出现差错，否则不但不能减少不必要的浪费，而且还可能造成更大的浪费。所以，建筑师要充分重视人的生活行为、设计、施工、材料、设备等各个方面，尤其是对住户生活行为的细分及心理需求等，同时也要加强各专业的合作与协调。

2. 材料使用方面的对策

（1）在材料选购时要选择知名品牌，要求生产企业证照齐全，产品的检测数据真实可

靠。

（2）材料进场时要对所购材料在观感、触感、味道等方面进行检查，发现问题及时与厂家沟通。

（3）做好进场材料的现场检测，对不合格产品及时进行更换。

（4）在材料使用中由业主或质量监督部门进行抽样检测，防止送检材料样品和实际使用不符，保证实际使用材料合格。

3. 施工管理方面的对策

住宅装修工程要做到：施工工艺要改进，施工过程要监控，施工管理要加强。

（1）施工工艺要改进

①通过技术推广和经验交流，加快施工工艺方面的革新和改进，并扩大新材料、新工艺及新型施工机具设备的使用范围。

②通过建立质量会诊制度，把重点放在施工工艺或施工工序中可能出现的问题上，制订相应的措施，并且及时总结，不让同一问题出现两次，做到持续改进。

③加强专业施工应用技术的研究，大力推行机械化、工具化的施工工艺。机械化施工可以减轻工人的施工强度、改善工人的工作环境，有效控制施工质量，加快施工进度，推行机械化施工工艺是文明、进步，和国际接轨的一种体现。

（2）施工过程要监控

①加强对质量通病的防治。在装饰施工的过程中，要全程跟踪施工过程，对关键工序严格实行质量控制。进场材料及时取样送检，严格执行规范要求的各项检验，保证送检材料与工程上使用的材料一致。

②要严格执行隐蔽工程验收制度，如吊顶内龙骨及基层、地板木龙骨、地板留缝、防水等隐蔽部位是质量控制的关键。

③认真执行三检制，加强督促检查，施工单位严格执行工序交接验收制度，每道工序完成后，认真实行自检、互检、专职检测，上道工序不合格，不准进入下道工序施工。

（3）施工管理要加强

①加强专业分包队伍管理，提高专业技术工人的专业素质。必须将分包队伍纳入项目质量管理体系中，项目的质量管理体系组织机构直接深入分包队伍。施工过程中施工人员必须全面按照工程技术交底作业。正确处理习惯做法和规范要求之间的矛盾，特别强调施工过程中的监督考核力度，加强施工作业人员的技术培训。

②实行质量预控制度：严格按照施工方案、技术交底进行施工，施工前制定质量预控目标。

③实行样板制度。在大面积装饰施工前，在结构验收后而进行样板间或样板工序的施工，以检验装饰效果、施工工艺和施工质量。样板间或样板工序为后续施工确立了具有可行性和可操作性的验收标准，后续施工应严格按样板间或样板工序的标准进行，可显著减少返修率。

④处理好工序交接。结构、二次结构、水电安装工程均与装修单位发生交叉问题，应在交接时，由总包方组织交接单位进行验收，发现问题及时解决，避免发生返工、扯皮等现象。按后道工序应严格验收前道工序的原则，双方交接后方可施工。

⑤住宅工程中成品保护是非常重要的一项工程，许多质量问题其实是由于对成品保护重视不够，造成成品损坏。应加强施工人员的成品保护意识，成品保护检查工作要专人负责，工完场清。施工前应编制详细的成品保护措施并交底、落实。

4. 政府监管的建议

（1）从建设行业的整体情况来看，市场运行还有不规范的情况，企业间竞争激烈，在一定程度上存在恶性竞争，直接危害工程质量。政府监管部门应不断创新实践，完善和健全包括市场准入、行业监管等方面的规则，各项制度规则不仅要约束施工企业、材料供应商和监理公司，还要对建设单位有约束力，充分发挥各方责任主体的作用，依靠先进的建筑施工技术、质量管理技术和信息网络技术，充分运用经济和法律手段监管工程质量活动。

（2）要强化监理公司在工程管理过程中的权威性，监理公司必须按照国家的法律、法规、设计文件和合同规定，独立行使自己的职责，既要对建设单位负责，也要对社会负责。要给监理公司明确的定位和权限并加以保障，使之能"公正、独立"地履行职责。加强对建设单位的监督管理，确保监理公司能够行使被赋予的权力，维护其自身合法权益。

（3）应制定一些具体的规定，特别是要制定指导价格，规避建设单位刻意压低工程造价，防止材料供应商和施工单位以不合理低价中标，维护市场正常的秩序，消除影响工程质量的隐患。认真调研《造价信息》人工费价格，使其与市场价格接轨，以合理的报酬确保劳务队伍的工作质量，避免施工单位以材料费用弥补人工费不足的现象发生，减少劳务纠纷。

（4）加强对建筑材料的管理。工程质量的提高要从原材料上抓起，材料必须经过严格的检验，各项材料试验数据合格后才能使用。这是保证工程质量的物质技术基础。进一步清理、统一、制定相应的规范、标准，确定和完善相应材料标准委员会的业务职能。

（5）加强检测市场管理。随着市场竞争的不断激烈，出现了一些企业、材料厂商和检测机构为了经济利益，提供虚假数据、出具假报告的现象，要加强对检测各环节以及参与各方的监管，保证送检材料与工程使用材料质量一致。

（6）积极推动住宅产业化发展，加强装配式住宅、整体式构件等先进工艺和材料的推广实践，制定不同类型住宅精装修交房标准，进一步推进住宅工程精装修交房，以确保装修质量，减少和避免二次装修造成的环境污染和材料浪费。

5. 行业协会进一步发挥引领作用的建议

建筑装饰协会作为引领行业发展的社会团体，致力于发挥政府与企业间的桥梁纽带作用，引导骨干企业和要求整个行业进行自律，从源头上提高室内装饰工程质量。

（1）继续推广新规范、新标准，这是提高工程质量的有效保证。引领在行业内部规范和统一各企业关于建筑装饰装修节点做法，鼓励建筑装饰企业根据自身情况，编制高于国家标准的企业标准，通过标准实施竞争化，打造精品工程。

（2）协会应大力开展行业调查研究，提出有关行业发展的对策建议，供政府主管部门参考。针对当前住宅装饰装修工程存在评优困难的问题，协会应在调研的基础上，积极谏言，取得市住建委的支持，疏通住宅装修工程的评优渠道，促进住宅装饰装修行业发展，让群众成为最大的受益者。

（3）协会应积极组织与行业相关的国内外交流活动，加强国际合作，通过举办科技讲座、咨询研讨、业内展览等项活动，推广新技术、新工艺、新材料、新机具和节能减排低碳环保措施，积极推进产业结构调整，推进住宅产业化，促进建筑装饰行业的科学技术进步。

（4）协会应加强队伍素质教育，建立并完善长效培训机制。积极开展岗位取证，对不同工种的工人有针对性地进行岗位技能达标培训，采取理论与实操相结合的方式，加强一线工人及工人技师的培训，及工人安全、质量意识的培训，以提高工人的整体水平。

（5）协会应制订和规范装饰行业关于质量管理、项目管理、工人上岗证管理、材料管理等各种管理办法，协助政府部门规范建筑装饰市场，促进行业健康有序发展。⑤

综合集成方法在大型工程项目管理中的应用探讨

王 宏

（中建六局，天津 300451）

大型工程项目的获得对每个建筑公司的发展都具有重要意义，而建筑公司都会在最短时间内组织精兵强将组成自认为高效的项目管理团队。随着项目的推进，出现的问题还是给我们提出了巨大的挑战。大型工程项目具有工期更紧，工艺与管理要求更高，但是盈利空间却又更狭窄，在履约与成本等多重压力下，项目管理团队尽管做出了艰辛的努力，但是过程中的一些问题（质量、安全、进度等）还是不断出现，项目团队会采取多种措施试图改进，但结果往往令人沮丧，因为最终发现改进措施往往只起到阶段性的效果，同样的问题可能换个时间、换个地方、换个方式出现；或者又会出现新的问题，使项目管理团队疲于应付。这使我们不得不深入思考：为什么会出现这样的问题？为什么会以这样的方式出现？出现问题后为什么改进的效果不明显？

一、大型工程项目的特征

大型工程项目除了具备一般工程项目的特点之外，还具备以下几个特点：规模超大，投资额巨大，建设周期长（一般至少要3~5年，有些甚至十余年），施工难度大，技术复杂程度高，地域跨度大，现场与管理环境开放等等。如某高铁TJ-2标段，正线全长162.839km，其中路基土石方1124万 m³，桥梁106.291km，特大桥104.457km/24座，大中桥1.833km/8座，预制、架设32m/900t级箱梁3198片，涵洞2850横延米/124座，铺轨708.405km，合同金额91.5亿元。某跨长江大桥BT项目，全线长6066m，主桥为（216.5+464+216.5）m双塔双索面斜拉桥，主塔高189.3m，双层钢桁梁，公轨两用，是长江上游第一座公轨两用斜拉桥，合同额20亿元。大型工程项目无论是总承包型项目还是投资类项目，市场影响力大，且由于建筑公司资源尤其是资金投入巨大，一旦出现问题，对建筑公司的现金流，对建筑公司市场占有率等均会产生深远的影响。

这些特点决定了大型工程项目在管理上有如下特征：

（1）大型工程项目及其管理系统是一个大系统。我们也可以按照项目的生命期阶段将大项目分成一系列的子项目，可以根据地域或里程划分，也可以根据专业等分成相应的子项目，甚至可以根据工种划分成子项目；子项目又可以再分成多层次的更小的项目；因此，大项目系统所包含的子系统很多，大系统套小系统，各级子系统可以说是有成千上万个。

（2）这个系统具有开放性：工程实体就处在一个大、复杂并开放的环境中，而工程本身就是一个与整个国际、国内经济政治环境、市场环境、自然环境、人文环境、交通环境、金融系统等有着直接或间接的关系。此外，它受整个行业供应链上下游的影响也很明显。

（3）这个系统具有复杂性：子系统的种类繁多，同时涉及到科技、经济、金融（对于BOT/BT项目种类就更多更复杂了）等各个方面；其次，大型项目地理跨度大，参与方众多，一个项目可能有数十家甚至数百家单位参与其中，利益相关，这些都使大项目系统具有极大的复杂性。

（4）这个系统具有多层次：大项目、大系统加上线路长、工艺复杂，整个项目/系统之间层次很多，从上往下可能达到十余个甚至数十个层次。

对一个系统而言，如果组成该系统的子系统数量非常大，子系统的种类很多并且有层次结构，子系统之间的关系又很复杂，就称为复杂巨系统。如果该种复杂巨系统又是开放的，即系统与系统中的子系统分别与外界有各种信息交换，各子系统能够通过与周围环境的交互作用增加适应能力，这种系统就称为开放复杂巨系统。大项目系统上述这些特征使得大型工程项目呈现出区别于一般工程项目的开放性、复杂性。要解决一个开放的复杂巨系统的问题，综合集成方法是最适合的解决之道。

二、综合集成方法在大型工程项目管理中应用的基础

（一）什么是综合集成方法

从方法论角度来看，我们在项目管理过程中主要是运用了还原论方法，就是把所研究的对象分解成部分，认为部分研究清楚了，整体也就清楚了。如果部分还研究不清楚，再继续分解下去进行研究，直到弄清楚为止。这就是说，还原论方法由整体往下分解，研究得越来越细，这是它的优势方面，但由下往上回不来，回答不了高层次和整体问题，又是它不足的一面。所以仅靠还原论方法还不够，还要解决由下往

上的问题；同样的道理，还原论方法也处理不了系统整体性问题，特别是复杂巨系统的整体性问题。从系统角度来看，把系统分解为部分，单独研究一个部分，就把这个部分和其他部分的关联关系切断了。这样，就是把每个部分都研究清楚了，也回答不了系统整体性问题。

20世纪80年代中期，国外出现了复杂性研究。20世纪70年代末，钱学森明确指出"我们所提倡的系统论，既不是整体论，也非还原论，而是整体论与还原论的辩证统一"。在应用系统论方法时，也要从系统整体出发将系统进行分解，在分解后研究的基础上，再综合集成到系统整体，实现1+1>2的整体涌现，最终是从整体上研究和解决问题。20世纪80年代末到90年代初，钱学森又先后提出"从定性到定量综合集成方法"以及它的实践形式"从定性到定量综合集成研讨厅体系"（这两者合称为综合集成方法），把运用这个方法的集体称为总体部。这就将系统论方法具体化了，形成了一套可以操作的行之有效的方法体系和实践方式。从方法和技术层次上看，它是人—机结合、人—网结合，以人为主的信息、知识和智慧的综合集成技术。从应用和运用层次上看，是以总体部为实体进行的综合集成工程。

综合集成方法的实质是把专家体系、信息与知识体系以及计算机体系有机结合起来，构成一个高度智能化的人—机结合与融合体系，这个体系具有综合优势、整体优势和智能优势。正如钱学森指出的，它能把人的思维、思维的成果、人的经验、知识、智慧以及各种情报、资料和信息统统集成起来，从多方面的定性认识上升到定量认识。

（二）综合集成方法在大型项目管理中运用的适应性

对复杂巨系统由于其跨学科、跨领域、跨层次的特点，对所研究的问题能提出经验性的判断与假设，通常不是一个专家，甚至也不是

一个领域的专家们所能提出来的，而是由不同领域、不同学科的专家构成的专家体系，依靠专家群体的知识和智慧，对所研究的复杂巨系统问题提出经验性假设。大型项目管理中至少涉及以下五个专业知识和技能：工程领域知识、通用管理知识、项目管理知识、人际关系、项目环境相关知识（图1，表1）。

然而，在我们的管理实践中，常常只重视工程专业领域的知识和通用管理知识与技能的作用，有些甚至无视其他领域知识的存在，在这种视野下做出的决策往往是不全面的，它或许可以解决局部的问题，或许可以暂时性、阶段性解决问题，却不能从根本上、总体上解决问题。因此，将综合集成方法运用到大型工程项目管理中的具体方式就是：

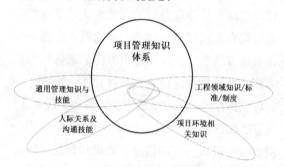

图1 大型项目管理涉及的专业知识领域

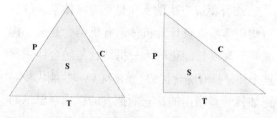

图2 项目目标关系图

（1）要从整体上考虑问题并解决问题；

（2）大型工程项目管理涉及不同学科、不同领域的经验、知识甚至技巧，很多无法定量，我们要充分发挥专家（专业人才）的智慧和机器的运算能力和处理信息的能力，通过人—机结合、以人为主，实现信息、知识和智慧的综合集成。通过人—机交互、反复比较、逐次逼近，实现从定性到定量的认识，这是一个循环往复、不断深化的研究过程。

三、综合集成方法在大型工程项目管理中应用的必要性

（一）项目目标之间的关系

众所周知，工程项目管理有三个主要的管理目标：进度（时间）、质量、成本，实际上这是和项目管理的三个约束条件相对应的：时间、性能要求（功能与技术要求更多地以质量结果体现）、成本，他们之间的关系可以通过一个三角形来表达（图2）。

$P=$ 性能要求，以质量为主要体现

$C=$ 成本

$T=$ 时间（进度）

$S=$ 工作的规模与大小（其实在某种程度上也可以近似地理解成工作绩效）

因此，这些目标变量之间的关系可以这样表达：

$$C=f（P，T，S）$$

根据它们之间的关系可以得出如下结论：

（1）我们可以用语言来表达他们之间的关系：工程成本是时间（进度）、质量和项目

大型工程项目管理涉及的专业知识 表1

	专业知识	主要内容列举
1	工程领域知识	工艺、标准、流程、合同、法律法规、总承包等
2	通用管理知识	财物、采购、行政、组织、薪酬、生产、安全管理、信息技术等
3	项目管理知识	项目生命周期，9大项目管理知识领域，项目管理工具等
4	人际关系	沟通、领导、激励、冲突及处理等
5	项目环境	自然环境、人文环境、社会环境、国际国内环境、政治环境等

规模的函数。这充分说明了它们之间是紧密联系的。

（2）我们不可能同时决定这四个变量，因为既然有这种关系，我们就只能决定其中三个变量，第四个变量将只能由事物本身之间的联系而决定。这就从本质上决定了我们要做好项目必须从整体上考虑问题，从事物之间的联系上去决策。

（3）但是实际情况是，我们经常企图同时决定这四个变量，尤其是上层组织或人员对下层组织或人员，经常会有这样的要求，这也就是导致项目出现问题的一个普遍原因，常常的结果是：大型企业为了信誉、为了政治任务最后只能无助地牺牲经济利益（成本增加了），但是还是不一定达成目标，因为，大型项目中参与的主体众多，不是所有的主体都愿意做这样的选择，最后只能任由项目在一个恶性循环中挣扎。

（4）而最让项目管理者感到沮丧和困难的是我们对上述的变量永远只能估算，项目越是巨大，越是复杂，我们越是无法知道他们之间精确的关系。

（二）成本与时间、质量之间的关系

项目管理常规是在总的工程规模和质量要求基本不变的情况下，项目总成本总是随着项目工期的延长而增加。根据经验，项目成本和工期之间的关系可以用图3所示的曲线表达出来，图示的关键是一个项目中理论上总是存在一个使项目总成本最低的工期（时间点）：当工期延长超过这个时间点时，项目的成本会上升，这就是我们经常遇到的整个项目缺乏有效的组织导致效率低下，成本增加；而另一个状况就是项目因为某种原因必须要提前，要做得更快，这就是我们常说的抢工期，这种情况下，

项目成本也开始上升，因为我们投入了更多的资源来加快进度（人海战术就是常用的招数）；当然，任何一个项目都存在一个最小的时间限制，即无论投入多少资源、投入多少人力都不可能少于这个时间。

一个项目最不利的情况就是开始由于低效率使工期延长，后来为了满足合同工期的要求，又开始投入资源挤压项目抢工期，这是一个比较容易导致项目失败的思维和做法，原因是本身这两个措施都是会增加项目总成本，更为严重的是增加资源投入在随后的进程中可能会造成产能过剩，效率低下，进入一个可怕的恶性循环。所以有一个布鲁克斯法则值得我们去牢记："为一个已经延期的项目增加人力，只会使它更加延期"。

另一方面，如果你希望更快地完成一个项目，又不减少工作量，又不增加费用，最有可能出现的情况就是会牺牲工作质量或工程质量，一旦质量牺牲了，成本和时间都会增加。成本和质量水平之间的关系我们可以用图4来表示。

大致上看，项目总成本由正常的基本生产成本和质量成本组成。质量成本来源于三个方面：预防成本、鉴定成本和事故成本，提高预防成本可以显著减少鉴定成本和事故成本（在此不作进一步展开）。我们知道，项目返工是时间和成本最大的杀手之一，因此，当项目管理者提高质量，一般情况下能够同时减少项目

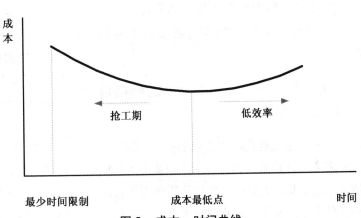

图3　成本－时间曲线

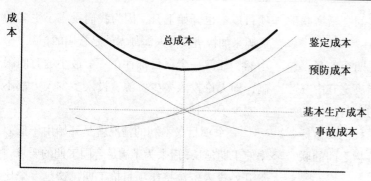

图4 成本－质量曲线

的成本和时间。

而对于大型工程项目管理者来说，接受上面的观念可能并不困难，最实际的困难就是是否真的存在最低成本的工期（时间点）？是否存在最佳质量水平？质量成本怎么计算？预防成本是多少比较合适？如果存在的话怎么计算或者说怎么确定？

非常遗憾，到目前为止没有一个精确、成熟的方法可以解决这些问题，以后也不会有。这就是因为上面所说的大型工程项目是一个开放复杂的巨系统，系统之间、变量之间、因素之间时刻处于变化的、不确定性之中，你即使知道它们之间存在着什么样的联系，但是你就是无法精确计算与确定，也就是说这个系统中存在的问题往往是非结构性或者半结构性的，你无法用结构性的方法去彻底解决。

而巧妙地运用综合集成方法就可以将非结构性或半结构性问题转化成结构性问题，从而为我们从整体上解决问题提供了可能性。

四、综合集成方法在大型工程项目管理中的具体应用探讨

（一）综合集成方法实现的途径（工具）

随着管理技术、信息技术的快速发展和网络的迅速普及，大型项目信息化管理水平可谓是一日千里，现在已经使用最先进的管理软件来管理成本、时间、工作流程和沟通等；我们也可以通过数据传输和网络对施工现场实施实时监控；知识的共享及时、广泛，从大环境来说，大型工程项目的知识体系、机器体系和专家体系都已经非常完备，实现这一人机结合的巨型智能系统和工作空间已经具备了可能。现在仅仅需要一项技术能够指导人们在处理复杂问题时，把专家的智慧、计算机的智能和各种数据、信息有机地结合起来，构建一个以综合集成为基础的智能工程系统，作为可操作的工作平台。因此，我们可以构筑一个由专家体系、机器体系和知识体系三者共同构成的一个虚拟工作空间——这就是"综合集成研讨厅"（图5）。专家体系由参与研讨的专家组成，是研讨厅的主体；机器体系是由专家所用的计算机软硬件以及为整个专家群体提供各种服务的服务器组成，其在定量分析阶段会发挥重要作用；知识/信息体系是由与问题相关的领域知识和信息等构成。要发挥该系统的整体优势和综合优势，其核心在于人的心智（经验和智慧等）与机器高性能之间的取长补短、综合集成，二者之间的结合则有赖于人机交互技术。

（二）基于项目管理过程的综合集成方法的具体应用

一般情况下，任何一个项目都具备五个过程组：启动过程组、规划过程组、执行过程组、监视与控制过程组以及结尾过程组，这五个过程组的依赖关系如图6所示。之所以称为过程组，是因为在一个大型项目管理的过程中，每一个子项目、阶段中都要出现这些过程；而且这些过程组或者其子过程在项目完成前也要反复多次，因此过程组是我们分析项目管理的一个有效的切入点。

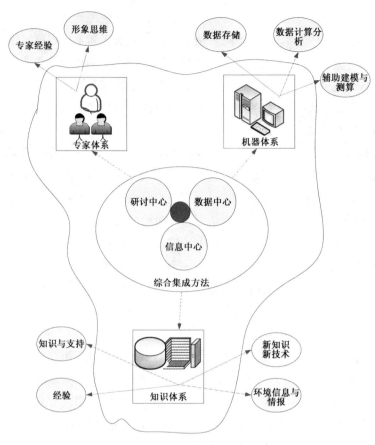

图 5 综合集成研讨厅工作示意图

（1）启动过程：可以是指刚开始整体项目的启动，也可以是某一个阶段或某一个子项目的启动。在这个阶段必须依据合同和相应的要求，对即将开始的项目（或子项目，下同）的范围（规模）、进度（时间）、可交付的成果（项目任务）等做出基本的要求和说明；还必须对拟投入的资源以及配置方式做一个预测和分析；而更为关键的是要确定公司与项目的管理界面和责任，确定项目经理或负责人。这实际是一个确定项目战略的过程，更多的是一种定性的分析或定量和定性相结合的分析，除已有的文件外，此时的决策依据往往是过去的经验、公司的历史数据、战略及组织模式、顾客（业主）和其他相关利益者的需求，因此，对于大型的工程项目的启动阶段组织研讨厅是需要的。

（2）规划过程：这是制订并完成项目计划和项目目标的过程，可以说是大型项目管理最重要的一环，因为在这个阶段，按照公司对项目的战略要求，

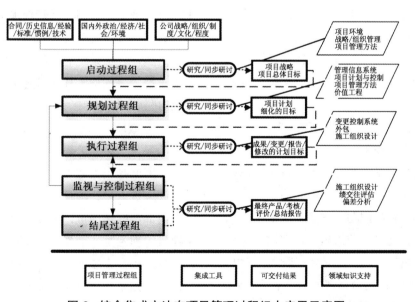

图 6 综合集成方法在项目管理过程组中应用示意图

对项目的资源配置、成本、时间安排、质量、工作规模等提出了很高的精度要求，在这个阶段这些目标的精度一方面要能够满足今后实施过程中的测量和控制，还要充分考虑到这几方面之间相互影响、相互依赖的关系。因此，必须对工作、要求、风险、相互关系、制约或影响因素、历史经验数据、假设等进行反复的研讨和论证，不断反馈、修正、细化和完善，这个过程就是一个定量定性相结合，从定性到定量的综合集成的过程。这个循环细化的过程深度与精度取决于项目的性质、特点和控制要求，以及现有的信息量，但是有一点是肯定的，那就是这个过程是贯穿于项目全过程中的。

（3）执行过程：在这个过程中除了按照计划完成工作以外，主要是协调人员与资源，保证项目按照计划的要求或者经过批准的变更后的要求进行，如果不能做到这一点只有两个可能性，一是计划不能满足要求、指导实施，二是项目已经失控。如果是前者，应尽快将变化的信息反馈到项目高层管理者，高层管理者根据情况和需要决定是否重新开始计划过程，修改计划；如果是后者，应立刻停止，将管理纳入到正常轨道上来，否则，项目只能等待失败的结果的出现。所以，从综合集成的角度说，执行过程是计划过程的一个延续，因此，在计划过程中尽量安排执行人员参与到研讨中来，而计划制订者也应该全过程参与到执行的过程中的。

（4）监视与控制过程：在启动和规划过程对项目管理所做的预测、假设等都会在这个过程中被验证或被修正，及时发现执行中的偏差并控制偏差；这个过程更关键的是通过这个过程要能够识别潜在的问题，并在可能发生问题之前发出警示，提出预防措施。这个过程信息量非常大，有关范围、进度、成本、质量、资源、风险等方面实施情况的数据都要力求准确收集。对于工程规模很大的项目，信息量会非常巨大，

虽然再多的信息电脑也能够快速处理，但是电脑却不能分清信息的优先次序和重要程度，因此，在这个过程中专家的智慧和判断更为重要，研讨的重点是信息的分层管理和评估与控制体系的建立，采取的方式主要是定量与定性相结合。

（5）结尾过程：结尾过程完成后的成果就是这个过程组完成的最终结果，对结果是不是满意，对过程是不是满意，现在可以有一个小结或总结了，这阶段的研讨以定量分析为主（数据说话），定性和定量相结合。这个过程是一个项目、一个公司持续改进和成熟的重要阶段，因为一个过程的完成往往是另一个过程的开始，一个项目的完成也就是另一个项目的开始。

以上仅仅是结合项目管理过程组简述综合集成方法应用的过程和重点，一个项目组织几次"研讨"，在哪些过程和阶段组织"研讨"，用什么方式组织"研讨"，应根据项目的性质和具体情况而定。

五、结束语

将综合集成方法应用在大型工程项目管理中，可以极大地提高项目管理水平，全面提升项目管理绩效，更深层次的原因是综合集成是一个从整体、从系统着眼的思维模式，而这种思维正是解决大型工程项目这个开放、复杂巨系统问题最需要的。

要有效应用综合集成方法，还需要项目组织上的保障。大型工程项目管理出现问题的另一个原因就是因为随着项目规模的扩大，参与单位和人员众多，项目组织庞大，层级增多，项目内部职能化严重，这种组织的缺陷更加剧了项目管理系统的割裂，因此要在项目管理过程中贯彻综合集成的思维，组织的调整势在必行；另一方面，从综合集成思维的角度看项目组织，也有助于我们发现组织中存（下转第52页）

探索新型项目管理模式
提升建筑企业竞争能力

—— 浅议 BT 项目管理模式

王　涛

（中建八局第二建设有限公司，济南 250022）

建筑工程项目是项目管理中最为典型、最为普遍的项目类型，是现代项目管理的重点。它存在于当代社会的各个领域，在社会生活和经济发展中起着十分重要的作用。近年来，随着中国城市化进程的加快和建筑业的快速发展，建筑工程项目管理模式根据项目的特点也呈现出多样化发展趋势，其中 BT 模式就是一种在我国新起步的项目管理模式。研究 BT 模式具有现实的指导意义和应用价值。

一、BT 项目管理模式介绍

1.BT 模式的概念

我国国家发改委所称的基础设施特许授权建设项目，就是指 BT（建设 Build– 移交 Transfer）投资项目。BT 模式是 BOT 模式的衍生模式，但又不属于 BOT，有其自身特点。BT 模式其含义可界定为："政府（部门）通过特许授权建设协议，在规定的时间内，将项目授予投资商（项目公司）进行该项目的投融资、建设，建设期满由政府分期回购的一种模式"。

2.BT 模式的组织形式

BT 模式的本质是"政府采购、特许建设、分期回购"。BT 模式的组织形式如图 1 所示。

二、BT 模式的积极作用

对 BT 这一新型运作模式，多个地方政府都进行了探索与实践，并在许多涉及大型市政基础设施、新城区建设、公益性等的项目中取得了成功，实现了政府、企业与社会的多赢。

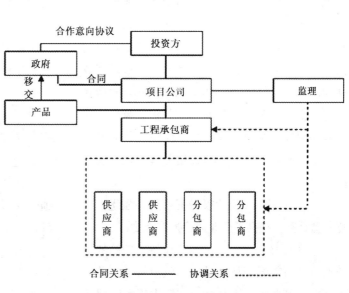

图 1　BT 模式的组织形式

BT模式的积极作用主要体现在三个方面：

（一）减轻了政府财政压力，促进了政府职能转变，降低了相关风险

随着我国城市化步伐的加快，各地方政府纷纷加大了新城区建设开发力度，新城规划建设中的地标性、公益性工程层出不穷，并呈现出"规模更大、造价更高"的趋势。但对地方政府而言，财政资金已越来越难以满足这些大项目建设的需要，尤其是在国家加大对地方政府融资平台的清理和银行信贷管控的情况下，金融风险也在不断加大。此外，对政府而言，大项目建设一般需要成立较大的专门机构负责融资、建设、监管等多重事宜，不利于解决建设过程中的核心问题，降低了政府运作效率。

采取BT模式则可以较好地解决上述问题。从缓解政府财政压力角度来看，BT模式可以帮助政府筹集非政府资金进行项目建设，大大降低了政府资金投入。并且，项目竣工后，政府可以采取投资人认可的分期付款形式完成。这无疑可以突破政府在大项目建设上的资金瓶颈。从转化政府职能角度来看，采用BT模式后，投资人可以代替政府履行融资、建设、监管、维护等一系列职能，而政府则可以有更多的精力实现对项目的宏观管理，有助于更好地解决项目建设过程中资源调配问题。从防范和化解风险的角度来看，BT模式能够在减少政府投资的情况下，保证项目建设的顺利进行，从而有效地控制政府债务规模。同时，BT模式有效地在政府、投资人及各参与方之间分担了风险（包括政策风险、金融风险、法律风险、债务风险告诉），并能够充分调动各相关方的积极性共同防范风险。

（二）拓宽了企业投融资渠道，强化了企业收益保障，提高了企业风险抵御能力

改革开放以来，中国经济保持了较高的增长速度，各项经济特别是金融政策日益完善，民间资本利益也不断壮大。在资本逐利性驱使下，这些民间资本迫切需要实现增值，需要不断寻找新的投资空间。而BT模式的出现，使得原本由政府垄断的基础设施投资领域对广大民间资本敞开了大门。这给予了民间资本作BT项目投资人这样一个新的利润增长途径。而投资者参与的BT项目是按照政府投资规划进行的，项目身后有政府信用作担保，违约概率低，从而使收益得到较好保障。同时，项目投资人还可以充分利用政府信用，以"按揭"的形式，提升融资能力，从而在资金上确保项目的顺利建设，降低相关风险。

（三）加快了基础设施等建设步伐，改善了投资氛围，净化了项目建设环境

资金是大型基础设施建设和公益性工程建设的瓶颈所在，特别在各地纷纷加快新城区建设、加快改善基础设施条件的今天，资金缺口成为延缓建设进程的最大障碍。采用BT模式则充分调动了社会资金资源的积极性，拓宽了融资渠道，有效解决了上述工程建设中的资金不足问题，无疑会加快建设步伐。特别在城市新区开发上，BT模式所带来的良好投资环境更有利于吸引更多投资投入建设。此外，BT模式的项目投资人在一定程度上替代了原由政府承担的项目建设、监管、维护等职能，从更加专业的角度将相关资源进行优化配置，也有效地遏制了暗箱操作、违法转包分包等腐败问题，净化了项目建设环境。

三、中建八局实践BT项目管理模式的背景

建筑业属于劳动密集型行业，充分竞争行业。各建筑施工企业为了在市场上占有一席之地，在投标报价时，纷纷采取压级压价、清单报价、低价中标等方式，压缩利润空间来争取优势。此外，近年来市场上人工费、材料价格持续上涨，建设成本不断增加，这些都推动建筑业进入"微利时代"。对建筑施工企业而言，

这种靠规模扩张来维持企业盈利水平，以压低利润空间求生存的发展方式给企业带来了巨大的经营风险。近年来，随着我国经济持续稳定发展，建筑市场容量不断增大，竞争日趋激烈，业主对建筑施工单位的要求也在不断发生变化。特别是随着我国城市化步伐的加快，大量基础非经营性设施项目需要开工建设。对政府而言，建设资金的缺乏，项目管理经验的缺乏，使得寻找既具备投资实力、又具备建设实力的施工企业成为迫切需求。对于这种需求，建筑施工企业则需履行投资、建设、管理这一系列职责，必须在项目管理方式上做出改变。这种"建设—移交"的项目管理模式即BT管理模式，是新型的项目管理模式。

中建八局是中国建筑工程总公司的全资子公司，是国家首批43家房建施工总承包特级企业之一。公司主要经营业务包括建筑施工总承包、工业安装、基础设施融资建造、房地产开发、建筑和石化设计等五个板块。经营区域国内遍及环渤海、长三角、珠三角、中部、西北、西南等区域，海外经营区域主要在北非、中东、中亚、中非等地。具有年完成产值900亿元以上和年承揽合同额2000亿元以上的能力，近年来主要经济指标平均增长速度在30%左右，综合实力名列中建股份各工程局前茅，是国内最具竞争力和成长性的中国建筑企业之一。在企业发展中，中建八局发展基础已经夯实，区域布局初步形成，产业结构趋于优化，企业品牌已经形成，但仍面临严峻的发展形势，在"调结构、转方式"方面仍需解放思想、加大经营管理创新、开拓资本经营领域，以适应当前建筑市场和未来行业发展的需要。

四、A项目案例实践

（一）A项目背景

中建八局与D省和C市政府的合作由来已久，近年来，与C市政府的合作日益加强，承建了C市多个有影响力、震撼力的大型公共建筑，已经在C市树立起良好的企业形象。A项目是中建八局较早运用BT模式进行运作的项目，对于中建八局探索新的管理模式、形成一套先进完善的运作机制、提升企业发展动力、提高企业创利能力、实现管理全面升级有着及其重要的现实意义。

中建八局在2006年与D省签订《基础设施战略合作框架协议》，中建八局与C市政府签订《中建八局投资建设C市城市基础设施项目框架协议书》。双方高层领导分别集体会晤，合作意愿强烈，非常重视该项目。双方拟运用BT模式来运作A项目。D省、C市主要领导要求A项目在2006年10月1日开工建设。建设规模：占地面积586亩，总建筑面积11163m^2。包括：体育馆、游泳馆、网球中心、服务用房、地下停车场、室外网球场、其他附属设施。项目业主：C市政府授权指定，A项目业主为C市资产经营有限责任公司。对项目建设过程进行监督、管理，办理项目建设的相关手续，项目建成后的工程接收单位，是A项目各项批件批文建设单位。签约主体：C市建设委员会、C市财政局代表C市政府进行签约。项目工期：2年（竞争性公告要求2008年9月30日建成使用，工期为：2006年9月至2008年9月）。政府项目回购资金来源：财政拨款和多渠道筹资。设计单位：E设计（集团）有限公司。建设项目总投资（估算）：138593万元（其中建安费104382万元，其他费用34211万元）。

（二）运作模式

本项目采取了市场化、商业化的BT模式来实施，C市人民政府通过授权确认C市建委、C市财政局为本项目BT合同签约主体，C市资产经营有限责任公司为业主和工程接收单位。由C市建委、C市财政局通过招投标或竞争性谈判方式确认中建八局为本项目的投融资人，并由中建八局作为承建商对项目进行建设。建设期满之日起次日，由C市建委、C市财政局按照合同约定支付采购款项、采购该项目。

本工程由C市建委、财政局进行回购，回购资金列入地方财政预算。本工程建设期2年，回购期3年。工程竣工后开始回购，我方谈判争取建设期满2年后，开始回购。回购款暂按每年度支付一次，分3次等额回购，回购款利息随本金支付测算，谈判争取按季度支付回购款。另有投资额2%的投资回报在第一次回购中付清。

中建八局通过投标取得本项目的施工总承包合法地位，并实施管理。由项目公司与中建八局签订施工总承包合同。

（三）主要风险和防范对策

对BT项目来说，风险防范是项目实施的重中之重。本项目运作过程中，项目公司主要通过分析、识别风险源，制定具有针对性的措施来化解风险，确保项目顺利实施，达到预期目标。主要的风险及解决措施有以下几点：

（1）项目各项行政许可手续是否齐备的风险

工可报告、环境评价、用地规划、概预算批复等手续文件的齐备，一方面决定着项目的合法性，关系到将来的回购款项的安全；另一方面影响到项目的融资。

解决措施：将相关手续和文件作为《项目BT合同》生效条件，在实施BT项目时，必须待手续和文件齐备后方才生效。

（2）政府的履约能力及采购款能否按合同约定支付的风险

项目款项的最终回收，需要C市政府财政支付采购款，这也是BT项目是否成功的关键，决定着项目效益的最终实现。如政府违约，则风险极大。

解决措施：一是完善政府采购的决策程序；二是由指定银行提供工程保函，增强C市政府

的还款能力，或C市政府安排已经取得权证的储备土地担保，或土地使用权的二次抵押，并以C市国资委监管的优质企业担保作为补充；三是确保项目本身合法；四是通过财务杠杆促使政府如约还款。

（3）项目公司不能如期融资的风险

融资建造主要以银行融资资金做为项目建设的支撑，如不能如期融资，我公司将不得不投入大量的资金，变为实质上的垫资施工，将可能导致资金紧张和项目运作的失败，风险较高。

解决措施：在项目运作前期，提前选择几家有实力的银行进行谈判，提前确定拟融资银行，要求融资银行一次性对项目贷款给予授信，锁定资金供应风险，同时通过利率调整将利息风险转移至政府承担。

（4）建设期的材料物资涨价及政策性调价影响效益的风险

由于项目建设周期较长，期间不可避免地会出现物价浮动的情况，如钢材、水泥等材料价格上涨，就需要增加建设期资金的投入。

解决措施：在BT合同中明确约定结算采用预算加签证的方式，预算双方共同确认之后发生的材料涨价，按1%的预算包干费包干，预算确认之前的材料价格，依据当地信息价和市场价格调整，即原材料涨价的风险由政府承担，对我公司效益影响不大，但可能会增加资金压力，需要做好资金筹措预案。

《施工总承包合同》签署后，尽快确定分包单位及设备供应商，签署相关协议，将成本尽可能锁定，以规避市场价格波动的风险。

（四）该项目成功的现实意义

A项目是中建八局第一个BT项目，这是企业转变经营模式的一个标志性工程，是企业实施"大市场、大项目、大业主"三大方针的典范之作，企业采取"以融投资带动施工总承包"的经营理念得以实现。

通过这个 BT 项目的实践，企业实现了经营模式上的创新，为企业"经营高端化"赋予了新的内涵，实现了企业经营规模的迅速提升。企业的盈利模式也发生了重大转变，在获取传统施工总承包利润的同时，又实现了投资收益，同时，减轻了传统施工承包所带来的层层压价，项目最终实现了较好的财务结果，利润率高于国内建筑施工企业一般水平。此外，该项目的成功也加速了企业"区域化"进程，提升了企业的品牌形象，更重要的是通过 BT 项目的落地实施，在推动企业在相关城市向"城市运营商"角色转变的道路上迈出了坚实一步。

该项目的成功实施，不仅仅实现了"顾客满意"，许许多多精细化管理和经营管理理念深受 C 市政府及主管部门认可，给予了高度评价，最终达到了"顾客感动"，企业品牌进一步深化。在此基础上，C 市政府鉴于企业的良好信誉和综合实力，有意在 C 市其他重大项目上实现进一步的合作，为企业区域营销增强了后劲和动力。BT 模式取得了经济效益和社会效益双丰收，为企业不断创新经营思路，加快探索的步伐，寻找更多发展机遇，继续抓好 BT 项目的总承包管理，总结出了一套成熟的 BT 项目管理模式。

成功的 BT 项目能够得到政府的高度认可和评价，具有较大的社会影响，能够产生后续可成片开发建设的辐射效应和前景，乃至可以影响该地区工程建设管理模式的发展思路变革，推动企业品牌在当地产生放大效应，扩大合作，占领市场，促使政府和企业双赢。

企业自身的实践告诉我们，经营和管理也是核心竞争力的来源。建筑业的高速成长期中以特定资源为基础的竞争已经转变为以经营管理能力为基础的竞争。优秀的管理模式可以克服资源不足带来的劣势，而拥有优秀经营管理能力和优秀管理模式的企业在行业逆流中同样可以取得良好的业绩，获得高额回报。企业理性的战略思考和经营管理创新是谋求基业常青的必然选择，BT 模式无疑为企业提供了"调结构、转方式、促发展"的一条良好途径。⑤

（上接第 120 页）通风必须考虑建筑朝向、间距和布局。另外，建筑高度对自然通风也有很大的影响，一般高层建筑对其自身的室内自然通风有利。自然通风也是环境绿化的重要手段，是引进比室温低的室外空气而给人凉爽感觉的一种节能的简易型空调。绿色环境常用的送风方式是地板送风暖通空调方式。

六、结束语

绿色建筑作为一个新兴产物，对环保、节能的要求值得我们探索、研究和尝试，这一道路是漫长而又艰辛的。随着工业时代向信息时代的迈进，以及工业文明向绿色文明的转变，可持续发展将成为当今社会的主旋律。作为开展建筑节能工作的科研单位，应在推动生态文明建设、保障改善民生、加快转变经济发展方式上取得新的成效，让绿色建筑与生态环境融为一体，促进城乡建设走上绿色低碳的科学发展轨道。⑤

参考文献：

[1] 李子君. 中国如何进行生态城市建设 [J]. 环境保护，2002(10).

[2] 张勤. 推行绿色建筑建设生态城市 [J]. 今日国土，2005(12).

[3] 北京大学中国持续发展研究中心. 可持续发展之路 [M]. 北京：北京大学出版社，1997.74-75.

[4] 王有为. 实施绿色建筑队环境保护的重要意义 [J]. 浙江建筑. 2008（9）.

[5] 梁俊强. 大型公建节能的政策导向. 建设部科技司建筑节能与新材料处，2008（7）.

[6] 武建东. 启动绿色建筑，再造增长大湖—— 中国绿色建筑创作发展战略报告 [N]. 科学时报，2009.2.26.

BIM 技术在建筑施工中应用方法研究

—— 以广联达信息大厦项目施工为例

叶 青

（中建一局集团第五建筑有限公司，北京 100024）

在传统的施工管理方法中，诸如工程量的计算、施工进度计划的编制、施工平面图的编制等，均是以二维的 CAD 图纸作为基础资料，因此各专业、各部门在进行交流时就存在信息的衰减及不连续性。由于二维图纸很难准确地反映出复杂的三维建筑物的形态、各种造型变化、各种管线之间的空间相互关系等，施工人员只能凭借抽象的想象，甚至设计师本身也有很多没有充分考虑，从而引起建筑与结构、给排水、通风、采暖等专业发生冲突。这些冲突往往使实际的施工无法满足所有专业的要求，设计师只能通过设计变更来减少冲突，最终将导致工期延误、造价增加等一系列的问题。

BIM 应用系统创建的虚拟建筑模型，相当于拟建建筑物在实际施工建造之前，通过计算机虚拟技术，在计算机中将拟建建筑物预先建造出来（建筑信息模型），提前发现各种冲突问题，达到事先解决的目的。建筑信息模型可以支持项目各种信息的连续应用及实时应用，大大提高整个工程的设计效率和施工质量，显著降低成本。5D 模型（5D=3D+ 时间 + 成本）就是将三维空间的 BIM 模型附加时间和成本信息，有助于施工企业的资源优化配置和造价管理。

一、BIM 的概念及特性

（一）BIM 的概念

BIM 思想源于 20 世纪 70 年代，目前相对较完整的是美国国家 BIM 标准（National Building Information Modeling Standard，NBIMS）的定义："BIM 是设施物理和功能特性的数字表达；BIM 是一个共享的知识资源，是一个分享有关这个设施的信息，为该设施从概念到拆除的全寿命周期中的所有决策提供可靠依据的过程；在项目不同阶段，不同利益相关方通过在 BIM 中插入、提取、更新和修改信息，以支持和反映各自职责的协同工作"。

（二）BIM 的特性

（1）模型信息的完备性：除了对工程对象进行 3D 几何信息和拓扑关系的描述，还包括完整的工程信息描述，如设计、施工、工程安全性能、材料性能等维护信息、对象之间的工程逻辑关系等。

（2）模型信息的关联性：信息模型中的对象是可识别且相互关联的，系统能够进行统计和分析，并生成相应的图形和文档。

（3）模型信息的一致性：在建筑生命期的不同阶段模型信息是一致的，同一信息无需重复输入。

二、BIM 技术施工应用关键问题分析

（一）应用信息软件的选择

BIM 是一个参与方众多、涉及阶段范围较

广，且涵盖整个建设过程中发生的工程变化的数字平台，基于BIM数字平台的软件主要分为两类：

第一大类：创建BIM模型的软件，包括BIM核心建模软件、BIM方案设计软件以及和BIM接口的几何造型软件；

第二大类：利用BIM模型的软件，除第一大类以外的其他软件。

由图1可知，不同类型的BIM软件可以根据专业和项目阶段进行如下划分：

（1）建筑：包括BIM建筑模型创建、几何造型、可视化、BIM方案设计等；

（2）结构：包括BIM结构建模、结构分析、深化设计等；

（3）机电：包括BIM机电建模、机电分析等；

（4）施工：包括碰撞检查、4D模拟、施工进度和质量控制等；

（5）其他：包括绿色设计、模型检查、造价管理等；

（6）运营管理FM（Facility Management）；

（7）数据管理PDM。

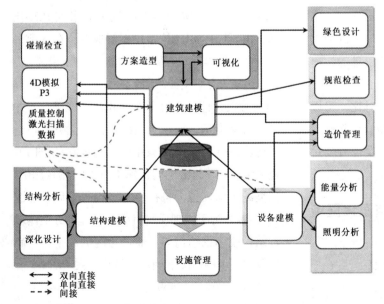

图1　BIM时代的软件和信息互用关系

（二）BIM技术应用的步骤和方法

1. 创建模型

利用建筑信息模型中的数字化技术展示现实生活中的建筑工程构件，其中最重要的是建立三维实体的建筑模型，既能剖析建筑工程的整体造型与建筑物功能的整体布局，又可以直观明了地观察与设计建筑工程的体量。

施工阶段创建模型的方式主要有两种：①设计模型的直接导入法：该方法不需重新建模，但前提是设计阶段的BIM软件与施工阶段的BIM软件需要实现数据接口的对接，而现阶段国内的软件还无法完全实现。②基于设计图纸的模型重建法：主要是在施工阶段利用设计院提供的二维图纸重新建模，该方法目前在BIM中运用较为广泛。

2. 三维可视化

集成优秀渲染技术和强大数据模型库于一体的BIM，可以通过软件平台对建筑物进行多角度、全方位、立体动态展示。例如BIM模型的可视化立体模型可仿真模拟业主所需的技术案例，避免了传统技术介绍的空洞乏味。借助于该技术，施工企业在投标过程中对业主进行较为直观的方案展示，利于业主通过形成的模型进行投标方案优选，同时也大大提高了施工企业的中标概率。

3. 碰撞检测

BIM技术建立起的模型能够直接反应碰撞位置，同时由于是三维可视化的模型，因此在碰撞发生处可以实时变换角度进行全方位、多角度的观察，便于讨论修改。

4. 模拟施工

基于BIM模型进行虚拟设计和施工，通过模拟不同施工阶段的建筑物，可以集成更多的参与者早期介入项目。

5.计算工程量

利用 BIM 模型，通过软件平台将数据整理统计，可精确核算出各阶段所需的材料用量，结合国家颁布的定额规范及其与实际施工水平就可简单计算出各阶段所需的人员、材料、机械使用量，通过与各方充分沟通和交流建立 4D 可视化模型（3D 模型 + 时间维度）和施工进度计划，方便物流采购部门及施工管理部门为各阶段工作做好充分的准备。

6.辅助决策

BIM 中的项目基础数据可以在各管理部门进行协同和共享，工程量的相关信息可以根据时空维度、构件类型等进行汇总、拆分、对比分析等，保证工程基础数据及时、准确地提供，为决策者制订工程造价项目群管理、进度款管理等方面的决策提供依据。

7.制订计划

BIM 系统可以促进项目管理者快速准确地获取工程基础数据，为施工企业制定精确的人员、材料、机械计划提供有效支撑，大大减少资源、物流和仓储环节的浪费，为实现限额领料、消耗控制提供技术支撑。

8.有效管控

BIM 利用三维可视化的模型及庞大的数据库，可以实现任一时点上工程基础信息的快速获取，通过合同、计划与实际施工的消耗量、分项单价、分项合价等数据的多重对比，可以有效了解项目运营是盈是亏，消耗量有无超标，进货分包单价有无失控等等问题，实现对项目成本、风险的有效管控。

三、BIM 技术在广联达信息大厦项目施工中的应用

（一）广联达信息大厦项目概况

1.项目概况

广联达信息大厦工程位于北京市海淀区上

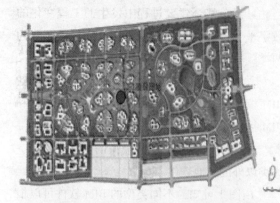

图 2　工程地理位置及周边环境示意图

地中关村软件园二期 J1 地块（图 2），总建筑面积 30504m²，地下 11926m²。地上 6 层，地下 2 层，建筑总高 24m。该工程于 2011 年 10 月 22 日开工，2013 年 9 月 3 日竣工，建成后主要用于公司办公及软件研发。

该项目主要的参与方分别是：广联达软件股份有限公司（建设单位）；中国建筑科学研究院（设计单位）；中建一局集团第五建筑有限公司（施工单位）。通过 IPD 合同形式建立以业主为首的全寿命周期一体化项目管理组（PLMT），有利于实现项目全生命周期信息化管理。

2.基于 BIM 的全过程控制模式

本项目立项开始阶段就全面采用 BIM 技术。由于国内 BIM 技术还不够成熟，在本项目全生命周期内针对主要阶段采取了如下模式：

（1）方案设计阶段

方案设计阶段要求进行 BIM 方案设计，并进行方案竞标、比选，最终选择最优方案。通过比选，在众多竞选方案中确定初步方案（图3）。业主考虑到项目分解的目标（图4），通过 BIM 模型的事前模拟，将初步方案进行了调整（图5），例如为了实现质量目标将内部部分主体承重结构改为钢结构等。通过相应的调整，在满足业主要求的情况下确定了最终方案（图6）。

（2）施工图纸设计

由于国内还未普及三维设计，建设项目实

图3　初步方案

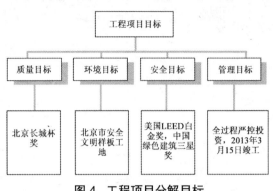

图4　工程项目分解目标

工程项目目标

质量目标　环境目标　安全目标　管理目标

北京长城杯奖｜北京市安全文明样板工地｜美国LEED白金奖，中国绿色建筑三星奖｜全过程严控投资，2013年3月15日竣工

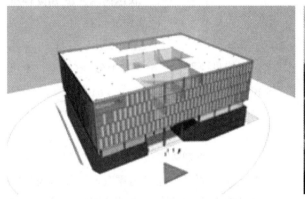

图5　调整方案图

图6　最终方案

际的施工操作人员素质较低，在短时间内识别3D图纸较困难，因此在现场指导实际施工仍然使用二维的施工蓝图。设计单位根据三维的BIM设计方案，又进行了二维的施工图设计。

（3）施工图审核阶段

由BIM咨询单位对设计单位的施工蓝图进行BIM检查和碰撞检测，并计算出工程量清单，按照清单单价进行总承包单位招标，确定中标单位。经过中标单位和业主的沟通，达成组建BIM技术团队的共识：结合本项目的实施研究BIM软件的开发和测试。

（4）施工阶段

施工前，BIM团队将二维的施工图纸转化成三维的BIM模型后，进行三维模拟施工、碰撞检测，力求将所有问题在实际施工前全部解决。实际施工时，各单位根据BIM团队提供的图纸进行施工。

3.基于BIM的全过程控制

对于施工企业，基于BIM的全过程项目控制内容主要包括九个模块，涵盖了创建BIM模型、设计、造价、规划、合同、资金、财务、采购、进度等方面，具体内容如图7所示。

模块1：创建BIM模型

基于2D施工图纸的基本信息建立3D模型，直至通过一致性检查后形成合格的3D模型。在该模型的基础上增加扩展信息（时间、造价、人材机等资源需求量），最终形成6D关联数据库。

模块2：设计模块

该阶段主要是通过BIM模型进行一致性检查后所反馈的信息进行深化设计，旨在减少施工过程中的设计变更。

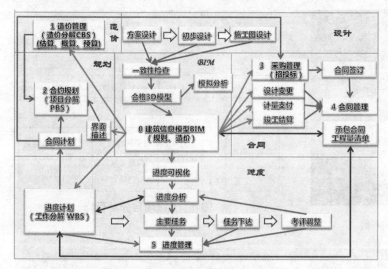

图7 施工企业全过程项目管理

模块3：规划模块

由进度计划制订支出合同计划，再结合BIM模型的界面描述及施工预算制订支出合同规划。

模块4：造价模块

根据BIM模型进行标前预测，结合施工企业自身综合能力和获利空间制订投标预算和施工预算，施工预算作为造价控制的目标值，而投标预算作为投标报价。

模块5：进度模块

由BIM模型实现进度可视化，结合进度计划进行初步的进度分析，通过进度计划中"工作分解－主要任务－任务下达－考评调整"的循环操作进一步完善进度分析，指导实际施工。

模块6：合同模块

合同模块包括招投标管理和收支合同管理。由采购计划、投标预算和支出合约规划进行投招标管理。借助BIM模型获取设计变更、计量支付、竣工结算和收支合同工程量清单进行收支合同管理。

模块7：采购模块

采购管理的基础主要来源于根据进度计划制订的供应和采购计划，由收支合同工程量清单制订需求量计划，以及库房管理。

模块8：资金模块

收支资金管理一方面受收支合同管理的约束，另一方面又支持财务管理。而收支资金管理主要包括资金计划和资金支付。

模块9：财务模块

该模块主要涉及施工企业自身的财务管理。

（二）广联达信息大厦施工信息模型与优化

1. 广联达信息大厦BIM模型

（1）BIM可视化

施工前采用REVIT软件建立建筑信息模型，并用3DS MAX软件进行了可视化深化设计（图6），不仅清晰直观地描述了设计图纸上的构件属性，而且更有利于施工人员建立实体印象，指导施工。

第一、直观表达：采用BIM的设计方法，可以让建筑师很好地控制建造，有效避免二维图纸理解有误的弊病，通过三维模型可更为直观地表达（图8~图10）。

第二，使用功能模拟：利用模型的可视化功能模拟业主提出的使用需求，通过模拟展示实现与业主之间的直接沟通，再对方案进行及时调整，减少了资源浪费。例如：在施工前基于业主要求对办公桌的布置位置进行模拟，最终确定办公桌的数量（1200台）及安装位置（图11）。通过与厂家提前预订相应规格的办公桌，大大地节省了时间。

第三，冲突分析：冲突分析主要是指管网的碰撞检测，发现冲突和问题，提前解决。

（2）模型转化

随着施工的进行，需要将已完的实际建筑部分及时反馈到BIM模型。根据现场实际情况对BIM参数进行修改，确保下道工序的条件与实际情况同步。在实际建造过程中，建立视频监控系统（图12），全面、全天候、全程监控

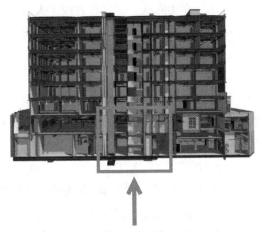

图 8 深化设计模型（整体）

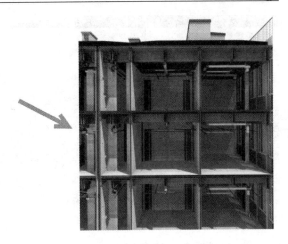

图 9 深化设计模型（局部）

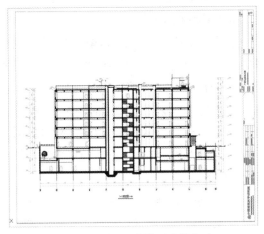

图 10 深化设计模型（框架）

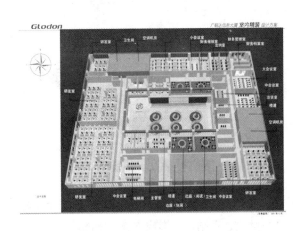

图 11 第二层平面功能布置图

建造施工过程，建设、设计、监理、施工及政府部门等可以通过互联网随时监控建造过程以及了解具体的建造施工质量（图 13）。将施工记录及时保存好，如果事后发现有质量问题，亦可以进行追踪，及时发现出现质量问题的环节及原因，并采取相应的补救措施。

每道工序施工完成后需要立即检验其是否与模型一致。例如完成基坑开挖后，通过激光测量仪测量基坑的形状（图 14），与模型进行比较即可检验实际的施工质量，并确定需要进行修改的部位。图 14 中灰色部分为设计图纸模型尺寸，深色部分为基坑开挖情况，通过对比可以发现实际施工与模型存在的误差。

图 12 视频监控系统

每道施工工序完成后，都必须及时将实物反馈到 BIM 模型中，进行理论与实际模型的比

图 13 现场监控

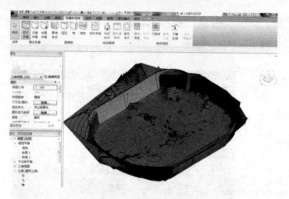

图 14 基坑开挖模型

较。如果误差过大，就需要对过大的部分及时进行整改，否则，会影响下道工序的施工。

2. 基于 BIM 的施工组织优化

在工程正式施工之前，建立了工程信息模型，根据模型对工程建设提出了如下施工组织优化措施：

（1）虚拟施工

建筑物施工前，对 BIM 模型进行可视化深化，并模拟整个施工操作过程。

首先，通过虚拟施工能发现并解决设计图纸问题。由于在 BIM 模型的创建过程中是按照图纸进行虚拟施工，一旦遇到图纸不合理或者矛盾冲突，虚拟施工就无法继续完成。需要进行变更、图纸修改等工作，才能继续进行虚拟施工。

其次，在实际施工前，让各施工人员预先"看到"拟建建筑的实体形状，获悉如何完成相关工作。在实际施工中，只需"照样画葫芦"，可以大大提高施工时的效率和质量。

最后，合理安排各工序、专业施工顺序，避免返工和减少相互干扰、成品破坏等事件的发生。

（2）网络监控

施工方在现场安装了 16 个球形高清摄像头，对现场进行全方位覆盖、24 小时录像监控，并将所有摄像头监控到的画面同步在会议室屏幕上显示出来，管理人员只需在会议室即能全面、全程看到各施工部位的情况。

将高清的施工过程影像保存在一个大的服务器上，定期将监控录像刻录成 DVD 光盘，便于永久保存、查看。项目部还建立了自己的网页，将现场情况随时发布到了内部网络上，管理人员、公司领导通过互联网可以随地随时看到施工现场实际情况，实现了施工现场远程管理和可视化管理。

（3）碰撞检测

在实际施工之前进行碰撞检测，发现问题后及时协商、优化处理，既节省了返工等费用，又缩短了工期。本工程的碰撞检测结果如表 1 所示。

（4）构件的条形码管理

物资部门按照 BIM 中的构件清单对进场材料、构配件等物资，进行条形码编码，每个构件的名称、规格、型号、颜色、进货时间、进货厂家、使用部位等全部记录在条形码中。工人在领取材料时，对构配件扫描，即可迅速获

碰撞检测结果　　　　　　　　　　　　表 1

序号	难易程度	碰撞数量	描述
1	简单	811	不影响整体系统设计，可自行调整
2	中等	128	与设计有关的碰撞，需机电设计方调整
3	严重	13	要建筑、结构和机电共同调整设计
4	合计	952	

悉该构件的用途和使用部位，从而判断是否是自己需要的构配件，构配件安装到现场后，条形码将保留在建筑物上，一旦之后发现某个部位质量不合格，便可以快速地确定该部位中不合格的构件，也可以追踪到该构件相应的出厂单位、供应部门的信息，以及构件不合格的原因，对工程质量建立可追溯性的管理，加强了质量管理的力度。

（5）构件预制

鉴于 BIM 模型可以实现信息共享和更新，为实际施工中许多工作的同步进行创造了条件。即在现场进行上道工序施工时，提前将后续需要使用的某些构件的数据，通过互联网传送给分包商或者厂家，提前对构件进行精确加工。加工完成后，先保存在工厂，一旦满足现场安装条件，即可快速运往现场进行安装。

（三）广联达大厦施工信息化管理

1. 精确算量

要实现精确算量，需要借助先进的计算机计算，还需要满足两个前提条件：首先指导拟建的建筑图纸必须是三维的，即与真实的建筑物一致；其次要求计算过程准确。BIM 技术符合这些要求，即能实现精确算量。

BIM 模型不仅显示构件基本的几何形状属性，还能显示该构件的材质属性。例如：施工单位根据图 15 的 5D 施工管理系统，可以自动生成图 16 中的墙饰条明细表。

2. 造价控制

虚拟的 BIM 建造将施工过程假设为零浪费、零失误的理想状态。通过虚拟建造完成精确算量，结合实际施工过程，进行虚实对比、实时对比，从而精确控制工程实际造价。

3. 碰撞检测

利用 BIM 技术，可以把各专业整合到统一平台，进行三维碰撞检测，提前发现大量设计错误和不合理之处，为项目造价管理提供有效支撑。

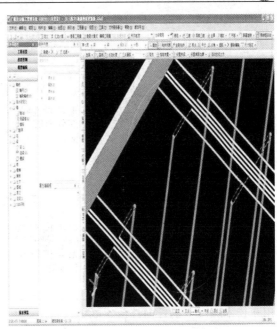

图 15　5D 施工管理系统图

墙饰条明细表

族	类型	轮廓	长度	类型注释	数量
中间角柱贴面					
墙饰条	中间角柱贴面	矩形轮廓 : 500*80	10150	外墙石材	1
侧面角柱贴面					
墙饰条	侧面角柱贴面	矩形轮廓 : 470*80	3260	外墙石材	1
墙饰条	侧面角柱贴面	矩形轮廓 : 470*80	3500	外墙石材	1
墙饰条	侧面角柱贴面	矩形轮廓 : 470*80	6250	外墙石材	1
墙饰条	侧面角柱贴面	矩形轮廓 : 470*80	19500	外墙石材	3
墙饰条	侧面角柱贴面	矩形轮廓 : 470*80	33750	外墙石材	5
墙饰条	侧面角柱贴面	矩形轮廓 : 470*80	18500	外墙石材	2
墙饰条	侧面角柱贴面	矩形轮廓 : 470*80	20300	外墙石材	2
墙饰条	侧面角柱贴面	矩形轮廓 : 470*80	11150	外墙石材	1
墙饰条	侧面角柱贴面	矩形轮廓 : 470*80	12500	外墙石材	1
小柱贴面					
墙饰条	小柱贴面	矩形轮廓 : 350*60	17100	外墙石材	3
墙饰条	小柱贴面	矩形轮廓 : 350*60	6220	外墙石材	1
墙饰条	小柱贴面	矩形轮廓 : 350*60	6240	外墙石材	1
墙饰条	小柱贴面	矩形轮廓 : 350*60	19200	外墙石材	2
墙饰条	小柱贴面	矩形轮廓 : 350*60	11700	外墙石材	1
屋檐线角					
墙饰条	屋檐线角	新古典线角轮廓 : 新古典线角轮廓	900	外墙石材	1
墙饰条	屋檐线角	新古典线角轮廓 : 新古典线角轮廓	970	外墙石材	1
墙饰条	屋檐线角	新古典线角轮廓 : 新古典线角轮廓	4350	外墙石材	1
墙饰条	屋檐线角	新古典线角轮廓 : 新古典线角轮廓	8640	外墙石材	1
墙饰条	屋檐线角	新古典线角轮廓 : 新古典线角轮廓	18100	外墙石材	2
墙饰条	屋檐线角	新古典线角轮廓 : 新古典线角轮廓	10390	外墙石材	1
墙饰条	屋檐线角	新古典线角轮廓 : 新古典线角轮廓	14350	外墙石材	1
墙饰条	屋檐线角	新古典线角轮廓 : 新古典线角轮廓	24570	外墙石材	1
墙饰条	屋檐线角	新古典线角轮廓 : 新古典线角轮廓	24980	外墙石材	1
墙饰条	屋檐线角	新古典线角轮廓 : 新古典线角轮廓	25780	外墙石材	1
墙饰条	屋檐线角	新古典线角轮廓 : 新古典线角轮廓	26010	外墙石材	1
墙饰条	屋檐线角	新古典线角轮廓 : 新古典线角轮廓	29889	外墙石材	1
墙饰条	屋檐线角	新古典线角轮廓 : 新古典线角轮廓	32190	外墙石材	1
墙饰条	屋檐线角	新古典线角轮廓 : 新古典线角轮廓	58970	外墙石材	1
正面角柱贴面					
墙饰条	正面角柱贴面	矩形轮廓 : 550*80	5700	外墙石材	2
墙饰条	正面角柱贴面	矩形轮廓 : 550*80	3000	外墙石材	1
墙饰条	正面角柱贴面	矩形轮廓 : 550*80	3250	外墙石材	1
墙饰条	正面角柱贴面	矩形轮廓 : 550*80	3500	外墙石材	1

图 16　墙饰条明细表

（1）BIM 模型的碰撞检测

在传统深化设计工作中，调整工作可谓“牵一发而动全身”，重复的工作量以及耗费的时间相当大，缘于不具备参数能力的线条所组成的图形所暴露出的局限性。如表 2 所示，

碰撞检测工作运用 BIM 技术前后对比　　表2

对比内容	工作方式	影响	调整后工作量
传统碰撞检测工作	各专业反复讨论、修改、再讨论，是耗时的协调	调整工作对同步操作要求高，牵一发而动全身。工程进度因重复劳动而受拖延，效率低下	重新绘制各部分图纸（平面、剖面图）
BIM 技术下的碰撞检测工作	在模型中直接对碰撞实时调整	简化异步操作中的协调问题，模型实时调整，统一、即时显现	利用模型按需生成图纸，无需进行绘制步骤

BIM 技术应用下的任何修改，能最大程度地发挥 BIM 所具备的参数化联动特点，意味着从参数信息到形状信息各方面同步的修改，这也意味着没有改图或者重新绘图的工作步骤，更改完成后的模型可以根据需要来生成平面图、剖面图及立面图，且效率较高。

在对已建的广联达信息大厦 BIM 模型进行碰撞检测时，发现了许多管线相互碰撞的问题，例如发现水平风管与竖向水管发生碰撞（图17）后，将竖向水管进行了平移，从而避开了风管（图18）。

（2）BIM 模型与施工图的转换

由于诸多因素影响导致三维的 BIM 模型在实际施工中还不具备实际操作功能，因此需要将计算机里三维的 BIM 模型再次转换成二维的图纸，指导施工人员进行现场实际施工。

采用 BIM 模型进行各专业的协同设计后，可以达到管网零碰撞的理想状态（图19）。通过 BIM 技术的参数化联动，将修改后的 BIM 模

图17　修改前的碰撞检测示意

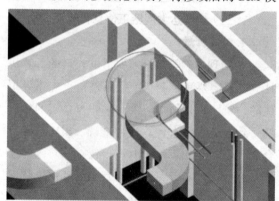

图18　修改后的碰撞检测示意

图19　BIM 协同设计成果显示

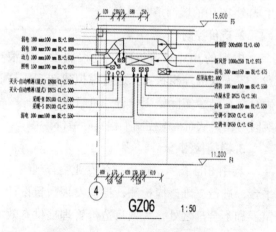

图20　基于 BIM 模型转换的 2D 图

型转换成 2D 施工图（图 20）。在计算机中对基于管网深化设计后的 BIM 模型进行虚拟施工（图 21），再根据转换后的 2D 施工图进行实际施工（图 22），对比所采用的两种施工方式，其结果几乎吻合，有力地验证了基于 BIM 的虚拟建造技术对实际施工具有重要的指导意义。

4. 物资管理

（1）物资采购

相关管理部门从 BIM 模型中快速准确地获得工程基础数据，为施工企业制定精确的人、材、机计划提供了有效支撑。例如：BIM 模型能自动生成构件列表（图 23、图 24），为物资管理建立了坚实的基础。材料部门在进货前，能快速掌握采购材料的名称、每种材料构件的规格、型号、数量、使用部位、安排进场时间等信息。

根据 BIM 材料表，结合工程建设进度计划就能编制详细的材料进货计划。通过材料计划可以尽量避免因材料短缺而造成的误工或者材料堆积的浪费。尤其是可以根据材料进度确定合理的进场顺序和施工现场材料堆放位置；另

图 21　虚拟施工图

图 22　实际施工

墙明细表

结构墙规格	体积	合计
内部 - 砌块墙100-sm	46.64 m³	3
内部 - 砌块墙100-sm单面	1.68 m³	2
内部 - 砌块墙100-厕所隔断	32.30 m³	10
内部 - 砌块墙120-装修隔墙	589.74 m³	13
内部 - 砌块墙150	44.73 m³	3
内部 - 砌块墙200	1184.40 m³	117
内部 - 砌块墙200-装修隔墙	889.80 m³	7
内部 - 砌块墙200- 设备平	207.08 m³	52
内部 - 砌块墙250- 设备平	45.01 m³	8
内部 - 砌块墙 100	76.46 m³	13
剪力墙200	306.84 m³	37
剪力墙250	561.28 m³	28
剪力墙300	139.32 m³	4
剪力墙350	207.82 m³	5
剪力墙400	715.22 m³	51
剪力墙450	93.81 m³	8
剪力墙500	294.19 m³	17
剪力墙600	1262.14 m³	39
剪力墙700	100.31 m³	1
剪力墙800	386.65 m³	13
剪力墙 - 100mm	3.18 m³	7
剪力墙 - 120mm	40.93 m³	37
女儿墙	38.91 m³	1
女儿墙	38.91 m³	1
常规 - 120mm 砖	1.83 m³	3
常规 - 200mm- 女儿墙	42.51 m³	20
常规 - 250mm-sm	323.95 m³	26
常规 - 300mm	54.75 m³	6
幕墙	0.00 m²	280
幕墙 sm	0.00 m²	19
总计: 831	7730.41 m³	831

图 23　墙明细表

梁混凝土用量明细表

类型	合计	体积
1200×700	3	72.20 m³
1200×800	1	32.38 m³
1500×700	2	47.75 m³
1800×900	3	20.97 m³
1800×100	4	144.82 m³
kL1(1) 30	109	48.03 m³
kL2(1)800	20	16.65 m³
kL3(1) 45	16	5.40 m³
kL4(1) 20	8	5.66 m³
KL5(1)800	20	29.76 m³
KL6(1)800	93	163.55 m³
KL7(1)800	20	15.24 m³
kL8(2) 20	8	2.59 m³
KL9(4)600	48	622.46 m³
KLL(1)(10	126	1249.49 m³
L1(1) 200	86	17.21 m³
L2(1)120x	16	0.49 m³
L3(1)120x	16	1.33 m³
L5(1) 200	8	5.99 m³
L6(2) 200	8	5.57 m³
LL1	8	7.20 m³
LL3	8	2.86 m³
LL4	8	15.02 m³
LL5(200x	26	16.19 m³
梁外包	1	0.50 m³
梁外包29	34	16.48 m³
梁外包30	46	22.66 m³
梁外包30	11	5.33 m³
梁外包30	45	22.57 m³
梁外包31	44	22.76 m³
梁外包32	132	70.44 m³

图 24　混凝土明细表

外有了详细的材料计划，就可以准确合理地安排资金计划，避免大量物资提前入场造成资金链短期运行不畅，也防止了因资金短缺引起材料滞后而耽误工期。

（2）精确下料

BIM模型中有每种材料、构件的详细参数，因此可以采用数控技术进行精确排料、优化下料，大大减少了废料、材料损耗，有利于成本控制。

（3）限额领料

采用BIM技术建立材料计划表，为实现限额领料、实际消耗控制提供了技术支撑。材料员可以及时掌控每种材料和构件使用的部位、数量等，防止工人多领料，浪费材料，在施工过程中及时发现问题并纠正，减少损失。

5.图文管理

（1）成果集成

BIM模型建立的依据是建筑、结构、水、暖、电等各专业施工蓝图的信息，可以将各专业的图纸信息集成到BIM模型中，便于检测、管理、修改、传输、共享、保存。

（2）自动成图

BIM模型创建完成后，可以自动生成各专业施工图纸，在竣工完成后，即可自动生成竣工图。

（3）同步操作

在施工过程中，BIM模型必须与现场实际建设保持同步，保证下道工序施工的条件（即上道工序）与现场实际的条件保持一致，真正地指导施工。

在广联达信息大厦的施工中，运用BIM技术进行图文管理，成效十分显著。第一，解决了项目管理中诸多问题，诸如海量数据的处理、管理和共享，以及项目部各职能、各单位之间的协同，从而大幅提升效率，增加利润。第二，统一了工程项目的数据接收、分享入口与出口，使信息共享有序，避免以往的混乱状态。第三，带来了一系列因精细化管理而产生的附加值，如：减少返工、减少损耗等。最后，工程数据的存档满足信息化的要求。工程结束后，一个项目的BIM电子文件几乎包含了工程所需的所有信息，业主在项目运行维护过程中可迅速查到相关资料，节约大量成本，更有利于为业主创造良好的服务。

四、结论与展望

BIM作为继CAD技术之后建筑业的第二次技术革命，与传统建筑设计相比，BIM模型是创建、管理建筑信息的过程，是通过一个或者多个建筑信息数据库对整个建设项目进行模型化的技术，是包含各种信息的、参数化的模型。通过BIM可以实现建设项目生命期各阶段的信息共享和充分利用，在项目施工应用中优化设计、合理制定计划、精确掌握施工进程，合理安排施工资源以及科学进行场地布置，对于提高建筑行业信息化水平，缩短工期，降低成本，提高质量，提升建筑行业企业的竞争力，具有深远的影响。

面向建设工程全生命周期的工程管理在世界范围内处于起步阶段，特别是在我国起步较晚的情况下，要实现信息化管理仍有许多问题需要进一步研究和解决，主要包括以下两个方面：

（1）当前对BIM技术的研究和应用大部分停留在设计阶段，BIM技术在施工阶段和运营阶段的研究和应用还很少。尽管本文针对施工阶段进行了研究，但是研究对象仅限于指定项目，应用的BIM软件系列暂时只是试运行阶段，其通用性有待进一步验证，推广性有待进一步加强。

（2）基于BIM技术的信息创建，需要一个统一的标准，目前国际上主要是以IFC标准为BIM标准，但是由于建筑工程项目实施过程中涉及到诸多的行业软件，这些软件没有遵照IFC标准，如何实现多种不同软件的协同，目前还没有成熟的解决方案。⑤

建设单位工程项目全过程投资控制的建议

武建平

（北京诚信少康工程造价咨询有限公司，北京 100097）

工程项目的投资控制管理是全过程的，投资控制的关键是在项目立项决策、设计阶段，一旦项目获得批复，投资控制的重点又转移到招投标阶段和施工阶段，竣工结算阶段是对工程项目造价的最终确定，是建设单位投资控制的最后一环。建设单位投资控制管理是一个动态的过程，在项目建设的各个阶段，可能会因为市场情况变化或其他原因，使工程投资控制与工程造价确定趋于复杂化，这就要求工程投资控制管理既要做到全面、细致，又要有所侧重、抓住主要矛盾。笔者根据工作实践，针对工程项目建设全过程各个阶段容易出现的问题，提出如下加强工程项目投资控制的建议。

一、立项决策阶段投资控制的建议

立项决策阶段是工程项目的前期，其工作的广度和深度都影响决策的准确率。前期工作本身存在着各种风险，如项目使用功能是否详细、投资效益是否明确、建设规模是否合理、建设标准是否符合要求、建设资金的保障程度如何等，都是建设单位决策者在做出立项决策时必须考虑的因素。虽然我国目前的投资审批程序要求工程项目必须有初步设计方案及投资概算，但是仍存在项目功能设置不全面、超规模、超标准建设等问题（见参考文献案例 1），确实是不少工程项目立项决策阶段出现的普遍现象。

1. 重视投资预测

建设单位应重视工程项目基础资料的收集，力争做到数据翔实、准确。投资预测要结合项目的水、电、交通、地质等情况，充分估计拟投入的工程主材、人工、设备价格区间和大宗材料的采购意向，在对已建类似工程投资指标资料分析研究基础上合理确定。

2. 重视初步设计方案的论证和设计方案招标

建设单位在立项决策阶段可以请有实力、有类似项目经验的咨询公司，凭借其组织的专家力量，协助做好项目初步设计方案评估论证，提高可行性研究的科学性。经过论证、比选的初步设计方案和投资概算一经批准就不允许随意变动，建设单位在项目实施阶段的建设规模的扩大、使用功能的增加、建设标准的提高等超出批准范围的变动，需要及时组织重新报批，这在一定程度上也会促使建设单位重视前期投资控制工作。因此，在选定的建设方案范围内进行设计方案招标时，应严格审查选定设计方案的投资概算，提高投资概算的准确性和项目的经济适用性。

二、设计阶段投资控制的建议

设计阶段是对项目设计方案的落实和对项目实施的具体指导，是对项目前期工作的总结。在现行的工程建设管理体制下，项目设计管理制度还不够完善，设计工作也没有得到应有的重视和监督。因此，建设单位需要高度重视设计工作对投资控制的作用，加强对设计单位设计工作的监督与指导，完善设计合同责任制，采取必要的奖惩措施，促使设计单位精心设计，努力把控制投资的着力点放在源头上。

1. 重视优化设计

建设单位通过招投标择优选择设计单位，推行限额设计、标准化设计，充分运用价值工程优化设计。建设单位要组织专业力量，根据项目的前期工作总结，向设计单位下达详细的设计任务书。设计单位按照批准的设计任务书、投资估算、初步设计总概算来控制设计，在设计中各专业工程在保证达到使用功能的前提下，按分配的投资限额控制设计。在推广新技术、新材料、新工艺、新设备的基础上，适当推广标准化设计。运用价值工程原理，以较低的投资，可靠地实现建筑物的必要功能，从而提高建筑物的价值。

2. 签好设计合同

要想在设计阶段实现投资控制，建设单位必须与设计单位签订高质量的设计合同，明确设计单位因自身原因造成投资增加时所应承担的责任。设计合同签订前，建设单位要组织专业技术人员和经济人员对设计合同的责任条款严格会审把关，在合同中明确承担相关民事责任的条款，形成设计单位承担相对独立的责任约束机制。特别是要明确因设计深度不够，设计变更过多，设计保守，设计图纸相互矛盾、各专业工程之间相互冲突，功能设置不合理而影响工程正常使用，施工图审查中由于设计质量原因造成方案改变，与施工单位勾结随意变更、签证等问题，造成经济损失时，设计单位须按照设计合同承担相应民事责任。如在设计合同中设定投资控制总额指标和设计变更率指标，明确完成或超出指标的奖惩措施。实践中设计变更过多、方案改变等问题（见参考文献案例2），就完全可以通过设计合同约定解决，从而避免投资失控。

3. 加强对设计工作的监督

建设单位应根据设计合同约定，建立专业技术人员和设计监理单位对设计质量监督的机制，全程跟踪设计的主要环节，提前发现设计质量问题，及时解决问题。对影响投资的重大设计变更，要经过建设单位按程序审核批准。分清设计变更类别，如果发生的投资变化确需调整投资概算的，设计单位应及时提请建设单位报审调概。

三、招投标阶段投资控制的建议

工程项目施工招标文件是反映建设单位项目管理思路的重要文件，包含施工合同主要条款。建设单位应认真编写招标文件、合同文件，把所有与投资控制有关的条款界定清楚，避免项目实施中出现不必要的纠纷，引起投资失控。

1. 招标文件中应载明清标事项

建设单位应了解市场行情变化，通过清标，及时处理投标文件中的不平衡报价，不接受施工单位严重不平衡报价和盲目低价中标，将投资损失隐患尽量消除。如果在签订合同后仍发现有重大不平衡报价，应及时与施工单位沟通谈判来变更显失公平的报价，避免超过诉讼时效承受巨额损失，这样建设单位由于不平衡报价导致的损失就可避免（见参考文献案例3）。

2. 招标文件须明确甲控材料事项

在招投标阶段建设单位应当约定甲控材料事项，明确甲供设备材料种类、甲控乙供材料与指定品牌材料种类及价格确定等内容，尤其是主要装修材料和大宗设备（如甲方可以采购电梯、门窗等，见参考文献案例4）。通过政府采购购买设备，根据材料的指定价格、指定供货商，与施工单位签订供货协议，最大限度地降低造价，防止施工单位以次充好，偷梁换柱，提高投资效益。

3. 适当设立分包

在工程项目中，有些相对独立的专业工程，

如铝合金门窗工程、消防工程等，建设单位可根据需要进行分包，在合同中明确施工总包分包界面划分及具体范围。避免总包单位加价结算，主动控制投资。

4.正确选用施工合同类型，严格审核合同相关条款

施工合同是贯穿整个项目投资控制工作的灵魂，合同签订的好坏，直接影响后续合同条款的执行。建设单位应根据项目的具体情况选择合适的合同类型和风险分摊模式，在合同专用条款中对工程计量调整、价格调整、风险调整、措施费调整、履约保证、工程变更、工程签证、工程索赔、付款方式、结算方式、合同争议解决方式等作出详尽约定，以有效避免工程结算中合同纠纷的产生，主动控制投资。特别地，要严格审核违约责任约定的具体条款，对容易引起施工或结算阶段扯皮，影响工期及造价的可能事项，应明确双方的权力义务，具体、量化违约责任处理方法，以便于操作与执行。建设单位应组织有关人员参与施工招投标文件和合同文件的编制及招投标的组织管理，参与招标答疑、审核招标文件、参与评标、参与合同谈判与施工合同经济条款的起草，在此过程中，尽可能明确今后可能采取的一些投资控制措施，如甲供材料、分包项目及相应的经济责任等，减少索赔隐患，避免由于合同未明确或不严密等原因而造成投资失控或扯皮现象。有条件的建设单位，还可实行自主招标、评标选择合适的施工单位。

5.签好有关合同

建设单位为有效控制投资，必须注意签好施工合同、监理合同、咨询合同等。在合同中重点明确双方的权力义务，违约责任和处罚条款，明确设计、咨询费用的支付方式、时间，将部分费用支付放在竣工决算后进行。这样既能约束各参建单位尽职尽责，又能避免参建单位履行合同时不负责任，给建设单位造成损失，

从而达到有效控制项目投资的目标。

四、施工阶段投资控制的建议

工程项目投资主要在施工阶段发生，建设单位作为投资主体，在施工阶段与其余参建单位发生紧密的联系，设计、施工、监理、咨询（造价、内部审计）等单位是履行合同的义务、权力主体。因此，施工阶段的投资控制主要应以建立责任义务的联动机制为主，加强对施工阶段发生的设计变更、签证、索赔等事项的管理和审查，严格按照合同相关条款处理。

1.加强合同管理

建设单位在施工阶段要建立合同实施的保障体系，建立合同管理工作程序、合同实施细则、合同台账、合同验收检查制度；建立有效的合同跟踪验收联动机制，建立对工程量、变更、签证、索赔、调整、付款、成本的合同跟踪系统。对于施工阶段可能影响造价变化的各种事项，均应以合同约定的权利、义务来划分界定责任。建设单位在施工阶段严格区分因工程实际需要发生的投资变化和因各参建单位责任问题导致的投资可能变化，严格按照合同约定的违约责任处理。如果发现施工单位弄虚作假、勾结串通设计、监理、建设单位专业技术人员，监理人质量控制把关不严、弄虚作假；设计单位随意变更等问题，严格按照与各单位签署的相关合同条款实施处罚。只有相应的处罚措施到位，才能挽回建设单位的经济损失，合理、有效地控制投资。

2.及时确认未认价材料采购价

在工程建设项目进入装修阶段，政府组织各级领导和使用单位极易随意变更装修方案，建设单位的造价人员应参与未认价材料的市场考察，并提出建议供领导参考，及时确认材料采购价，防止投资浪费和超标。

3.严格控制设计变更、签证和索赔

设计变更、签证和索赔是工程建设过程中

经常发生的，建设单位应严格控制签发手续，加强专业技术人员签证管理，做到责任分工明确，变更、签证和索赔审批手续齐全，量与价的审批权限与责任划分清晰。建设单位签证人员要熟悉合同，任何一项变更、签证和索赔都必须在实践性、合理性、合法性、准确性、可操作性上经得起考验。建设单位只有重视并加强变更、签证和索赔的管理，提高变更、签证和索赔的质量，才能有效控制工程实施阶段的投资。

4. 重视跟踪审计意见

建设单位要重视跟踪审计对设计变更、施工签证、隐蔽工程签证、索赔的审计处理意见。审计单位的意见表现在以下几个方面：一是对设计变更实行技术和经济上的再论证，指出变更是否经济合理，避免变更随意性；二是促使建设单位监督办理签证明确相关责任人，明确授权范围和相关责任，必要时可采取建设单位、监理、审计介入等多人监督办理签证的办法，保证签证内容的真实性、准确性；三是从合同角度指出办理签证内容是否已包含在合同清单内（如参考文献案例6中的盲目签证问题），办理签证是否与合同有关条款冲突，提醒建设单位注意预防签证引起的索赔或变更合同价款等事项发生。

五、竣工结算阶段投资控制的建议

工程竣工结算是发承包双方依据合同约定，按照国家相关法规和标准确定工程造价的一项重要工作，是发承包双方履行合同的最后阶段。建设单位针对施工单位在结算阶段的各种问题，要严格按照规定的程序，有理有力有节地开展竣工结算审核工作，最终有效控制工程造价，取得预期的投资效益。竣工结算阶段正确处理各种问题和争议，合理确定工程造价，有效控制投资，可以从以下几个方面着手。

1. 加强对竣工结算工作的管理与指导

首先，明确竣工结算资料的时效性。利用合同对结算送审资料进行专款约定，约定所提供的资料完整、真实、合法、准确、标准。审核工作展开后，不再接收涉及结算价款的补充资料。唯有如此，才能按时完成结算工作，防止投资无限期增加。

其次，重视竣工结算审核工作。工程结算审核是一项政策性、专业性很强的工作，从结算资料的完整性、工程量的准确性、定额单价套用的合理性到费用计取的合法性，从设计变更、签证、索赔的合规性到竣工图与工程实际的符合性等诸多问题都要在结算审核阶段核实。审核的重点主要包括：工程量计算是否准确；各种清单综合单价组价是否经过审批，定额套用是否合规；设备及材料价格是否符合市场行情；各项费用计取标准是否符合现行规定；设计变更、签证、索赔手续是否有效。

再次，合理处理各种竣工结算争议及纠纷。竣工结算阶段的各种争议及纠纷产生的根源很多，主要是：合同签订不规范，缺乏操作性和约束力；设计变更、签证、索赔资料的有效性不确定；工程实施过程中的材料认质认价与实际使用材料不一致；各种风险的界定不清。解决争议和纠纷要加强合同管理，在专用条款中明确调价办法；规范各种签证手续；确保工程资料的完整、准确和效力；对认价的材料封样，施工过程中，施工单位及时通知监理及建设单位对采购材料质量进行认定。

2. 重视发挥监理人的作用

监理人在施工一线，参与工程施工的整个过程，对工程使用的材料、工程做法、工程质量、工程设计变更、签证的过程都非常清楚。因此，建设单位在竣工结算阶段要特别重视监理人的工作成果。必要时要求提供监理日志、监理记录、验收记录等资料来佐证。实践证明，监理人对工程量、施工图与竣工图的关系、变更签证单的真实性、材料的价格及标准、定额的套用等的把握是最直接的。

3. 重视审计单位的作用

建设项目竣工结算审计，是审计人员依法对项目结算的真实性、合法性、投资效益性的审计监督，对正确评价投资效益、总结经验、改善项目投资管理有着重要意义。实际过程中，可采取建设单位内部审计和委托中介机构审计相结合的制度。内部审核人员熟悉施工过程，不易被施工单位所蒙骗。委托中介机构审计时，约定中介机构对审计结果进行复核，约定审计责任风险，防止与施工单位串通一起损害建设单位利益。

4. 严惩结算时的高估冒算行为

在竣工结算阶段，施工单位高估冒算现象严重，如有的施工单位申报结算金额几乎较合同金额翻番（见参考文献案例10）。如果不加以制约，不但给结算审核工作增加负担，也会给建设单位带来支付更多咨询费用的损失。在此过程中，甚至很有可能发生施工单位买通咨询单位部分人员，损害建设单位利益的情况。因此，建设单位可以利用合同或补充协议对竣工结算送审金额进行约定，送审金额不得超过审定金额的3%～5%，否则产生的审计费由施工单位承担。以此对不诚信行为进行惩罚的措施，有效地控制投资。

5. 及时办理投资概算调整

根据规定，对于财政预算内的投资项目，在建设过程中由于价格上涨、政策调整、地质条件发生重大变化等原因导致批复的概算不能满足实际需要时，建设单位应及时向相应审批部门申请调整概算，以减轻项目建设过程中的资金压力，节省资金成本。概算调整幅度超过10%的项目，审计机关要对项目先行审计；对于由于参建单位过失造成的超概算项目，要追究违约责任并扣减其费用；对于项目建设单位管理不善、失职渎职、擅自扩大规模、提高标准、增加建设内容、故意漏项报小建大等造成超概的要追究行政与法律责任。因此，建设单位的调整概算工作是不得已而为之的，主要精力还要放在容易引起投资失控、严重超概的各个环节。

总之，建设单位应在工程实施的各个阶段，绷紧控制工程投资的弦，认真分析和充分利用建设周期中的各类信息，把握市场脉搏，变被动为主动，加强内部科学管理和参建各方沟通协同，减少或避免建设资金的浪费和流失，把工程投资控制在批准的概算限额内，最大限度地提高建设资金的投资效益。⑤

参考文献：

[1] 武建平．建设单位工程项目全过程投资控制．建造师 26，2013,9．

《猜想与求证——社会主义社会资源配置方式的世纪探索》首发式隆重举行

2014年6月14日，江春泽先生新著《猜想与求证——社会主义社会资源配置方式的世纪探索》首发式隆重举行。

江春泽先生指出，社会资源如何配置是改革的一个根本性问题，也是"十八届三中全会关于市场的决定性作用"的重大命题，此书是对社会主义社会资源配置方式的决策思想的总体反思。江春泽先生表示，选择从"帕累托猜想"切入是同类研究中的独特角度，是自己从数学领域里的哥德巴赫猜想得到了启示。1992年邓小平南巡讲话之后大家取得了探寻经济转型的共识，向市场经济转型已经成了不可逆转之势。

江春泽先生认为：当年苏联和东欧的失败其实是经济转型没有成功导致的。中国的计划工作和长远规划远远没有苏联那么细致、复杂和重要。中国制定计划的技术也落后于苏联，中国合格的计划普及工作人员在人口中的比例比苏联要少得多，但是中国的经济改革取得了巨大的成功。

江春泽先生还在演讲中总结道，中国和苏联的改革都是从嘴上开始的，不同的是中国是解决吃的问题，苏联解决的是"说话"的问题。

（王佐报道）

暗涵穿越岳各庄桥施工技术

顾玉伶[1]，张 健[2]

（1.北京城建道桥建设集团有限公司，北京 100022；
2.北京城建五维市政工程有限公司，北京 100143）

由于城市地面建筑物情况复杂，所以暗挖工程穿越各种建筑物就成为了地下工程的重要课题，如何安全穿越成为了核心问题。这当中有许多工程穿越城市主干道桥梁，由于主干路桥梁交通流量较大，施工过程中不能影响道路交通。另外，桥梁本身自重较大，这就需要桥梁基础的绝对安全，而我们的穿越施工大都需要从桥梁基础中间或下部穿过，这就要求施工过程中必须采取足够的技术措施，做到信息化施工，从而保证桥梁的正常使用和施工的绝对安全。

1 工程概况

南水北调中线京石段应急供水工程（北京段）西四环暗涵工程上接卢沟桥暗涵，下接团城湖明渠，为南水北调中线总干渠的最后控制性工程，全长 12.64km。暗涵在桩号 K2+025 ~ K2+120 范围内穿越岳各庄北桥。岳各庄北桥为西四环主路与东西向梅市口路交叉高架桥。桥长 95m，桥宽 40m，桥梁基础为沉井基础，桥基沿与隧道纵向垂直方向每排有两个独立基础，中心间距为 21.6m。沿隧道纵向有 4 排基础，中心间距为 20m。基础长 6.5m× 宽 5.5m× 高 11.2m，埋深为 12.2m。

暗涵从沉井基础中间穿过桥区，暗涵埋深约 11m。暗涵底部低于立交桥墩柱沉井基础约 4m。平面距离暗涵距离沉井基础为 1.874m，两

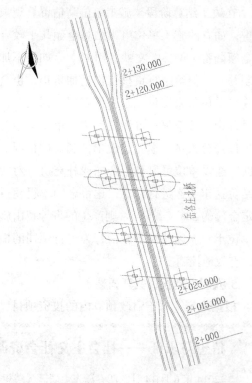

图 1 岳各庄北桥沉井基础及暗涵平面图

暗涵中间净距为 1.0m，见图 1、图 2。暗涵穿过桥区后恢复标准间距。

该区间段暗涵左右线全部穿越砂卵石地层。砂卵石地层是一种典型的力学不稳定地层，颗粒之间空隙大，粘聚力小，颗粒之间点对点传力，地层反应灵敏，稍微受到扰动，就很容易破坏原来的相对稳定平衡状态而坍塌，引起较大的围岩扰动，使开挖面和洞壁都失去约束而产生不稳定。通过筛分试验表明，该处地层为卵

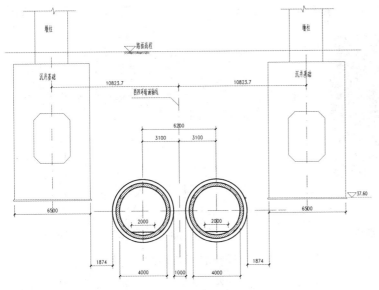

图2 岳各庄北桥沉井基础及暗涵横断面图

石～圆砾层,磨圆度好,分选一般,成分以砂岩、灰岩、安山岩为主,弱风化,有半胶结现象,粒径一般 3～6cm,最大 65cm,多呈亚圆形。卵石含量 30%～50%,而砾石含量 20%～40%,充填有砂及粉层。N 值 27～50,施工中遇到最大的卵石达 700 mm。本区段施工基本不受地下水影响。

经过详细的现场调查和资料查阅,在地面下 1.5m 范围内,有多条雨水、污水管线及电话线。在暗涵顶 1.5m 处有新近改移的高压燃气管线,燃气管线与隧道正交,暗涵施工可能对其产生影响。

2 穿越加固方案比选

2.1 地面加固桥基周围土体

由于桥梁是沉井基础,且处于结构松散的砂卵石地层当中,所以如何控制沉井基础的不均匀沉降就成为本穿越工程的重中之重。考虑从地面打孔,在沉井基础四周及下方的砂卵石土层中注入浆液。这样使得在穿越过程中桥梁基础对不均匀沉降的敏感性减弱,从而保证桥梁的安全。

但此方案的缺点是:①加固过程占用路面时间较长,这对四环主辅路的交通影响较大;②因桥基处在砂卵石地层当中,所以对土体加固范围的控制难度较大,如出现大的偏差,将影响整个施工过程。

2.2 直接穿越法过桥桩

直接穿越法过桥桩就是不采取大的保护措施,在开挖过程中,对土体进行超前加固直接开挖。为保证施工安全,严格控制施工过程,并全程做到信息化施工。

综合分析比较这两种过桥桩方法,直接穿越过桥桩具有施工简便、工期最短、造价最低,后期处理最容易的优点。至于施工的安全性问题,可以从组织精良的施工人员、采取详尽可靠的技术措施、真实可靠的监控量测数据方面来保证。

2.3 施工方案数值分析

为了保证施工的绝对安全,我们用数值分析对直接穿越方案的施工过程进行了数值模拟。

2.3.1 计算模型说明

由于水工隧道属于细长结构物,即隧道的横断面相对于纵向的长度来说很小,可以假定在围岩荷载作用下,在其纵向没有位移,只有横向发生位移,所以隧道的力学分析可以采用弹性理论中的平面应变模型进行。

根据实践和相关理论分析,对于地下洞室开挖后的应力应变,仅在洞室周围距洞室中心点 3～5 倍开挖宽度(高度)的范围内存在影响。在 3 倍宽度处的应力应变一般在 10% 以下,在 5 倍宽度处一般在 3%。所以计算边界可确定在 3～5 倍直径。在本次有限元计算中,计算模型的边界范围,即二维有限元计算模型所取地层的范围是:水平方向隧道两边的长度均取大于直径 4m 的 5 倍为限;垂直方向隧道下方距

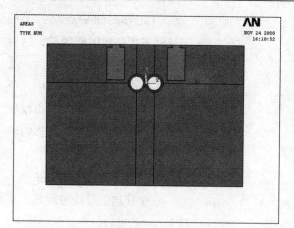

图3 划分好单元的桥区模型

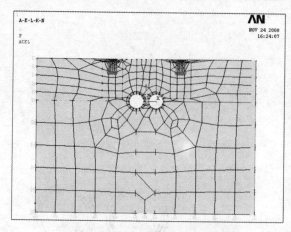

图4 加载后桥区的有限元模型

洞中心的距离亦大于洞高的5倍,而隧道上方则按所选断面实际地形尺寸进行取值。最终选定水平方向尺寸为70m,竖直方向隧洞下方距洞中心35m,隧洞上方距地面10m。坐标原点位于两隧道中心连线中点上,所建模型如图3,图4。围岩假设为各向同性,各岩层岩性单一,计算过程中只考虑自重应力的影响。

桥区基础为沉井基础,采用C30钢筋混凝土预制而成。

2.3.2 支护措施的处理

围岩及隧洞周围加固岩体选用PLANE42单元,二衬选用BEAM3梁单元,为简化计算,假设初期支护的加固范围为0.8m(考虑超前支护),并将其相应的参数增大,桥区也选用PLANE42单元(材料参数同C30钢筋混凝土)。具体计算参数见表1。

格栅钢架的支护作用等效到喷射混凝土中,计算中未反映钢筋网的支护作用,将其考虑为结构的安全储备。

2.3.3 边界约束条件

计算时所施加的边界约束条件是:地表为自由边界,未受任何约束;计算模型的左右边界分别受到X轴方向的位移约束,模型的地层下部边界受到Y轴方向的位移约束。桥区桥长95m,桥宽40m;基础长6.5m,宽5.5m。基础除了考虑自重外,对其地上部分梁体重进行估算,并按等效分布荷载施加在基础上。

2.3.4 数值模拟计算方案

本次模拟计算中,根据现场按照台阶法施工的实际情况,分部开挖进行。具体步骤如下:

建立模型→计算初始地应力→开挖左隧洞上台阶(杀死左隧洞上台阶单元)→喷射混凝土支护(激活左隧洞上台阶梁单元)→开挖左隧洞下台阶(杀死左隧洞下台阶单元)→喷射混凝土支护(激活左隧洞下台阶梁单元)→开挖右隧洞上台阶(杀死右隧洞上台阶单元)→喷射混凝土支护(激活右隧洞上台阶梁单元)→开挖右隧洞下台阶(杀死右隧洞下台阶单元)→喷射混凝土支护(激活右隧洞下台阶梁单元)。

通常在围岩被开挖后,应力要释放,按照

材料物理力学参数表　　　　　　　　　　　　　　　表1

围岩及结构	容重（kN/m³）	弹性抗力系数（MPa/m）	弹性模量（GPa）	泊松比	凝聚力（MPa）	内摩擦角（°）
C30钢筋混凝土	25	—	30	0.2	2.324	53.8
Ⅴ类围岩	19	100	1.5	0.4	0.15	24.7
围岩加固区	25	—	30	0.25	0.52	24

经验取在上初期支护时荷载释放 60%。

2.3.5 数值模拟计算结果分析

（1）过桥周围岩体的分析

从生成的各个方向地层的应力图以及主应力图判断整个地层大部分区域都是受压的，只是在隧道很小的区域内受拉，拉应力区域都在所加固的围岩范围以内，因此说明在过桥区加固周围岩体的厚度及加固方式是合理的，而且是有效的。

（2）周围岩体位移

从生成的变形图和位移图可以看出，隧道周围加固后，总的拱顶下沉很小，沉桥基础最大下沉量为 6.875mm，远远小于规范规定的 15mm。通过对隧道开挖面的整体加固，过桥区开挖后隧洞顶部的位移为 6.165mm，同样满足规范要求。

如果不采取整体加固措施，支护形式按普通段来处理，沉桥基础处的沉降量将接近于临界沉降量，是非常危险的。

（3）加固区衬砌结构内力

从生成的加固区衬砌结构的内力图判断边墙的轴力比较大，但其值小于 C30 混凝土的抗压强度 215N/mm²，仍在安全范围之内。由于隧洞为圆形结构，无应力集中现象。

通过对过桥区整体加固方案的模拟分析，进一步验证了该方案的可行性与安全性，并通过与加固前的地层沉降量进行对比，证实了整体加固对隧洞开挖过程中控制沉桥基础沉降量起到了很好的效果。

3 施工技术措施

为了保证施工安全，我们根据上述数值模拟的过程制定了严格的施工技术措施。开挖过程中平行开挖的两隧洞，前后工作面保留 15m 以上距离，严禁齐头并进。具体技术措施如下：

3.1 超前探测

主要采用超前小导管配合洛阳铲进行探测，小导管每榀进行一次。洛阳铲探测长度为 3m，每开挖一榀探测长度增加 0.5m。为保证探测的可靠性，辅助地质雷达探测方法。地质雷达探测每 10m 进行一次。

3.2 格栅加密并打设锁脚锚杆

过桥区基础段的格栅间距由标准段的 50cm 缩小到 38cm，并在拱脚处打设锁脚锚管。锁脚锚管为 ϕ42mm 钢管，长度为 2500mm，并注水泥浆液。

3.3 注浆加固措施

3.3.1 超前开挖小导管注浆

开挖过程中为了避免出现塌方现象，拱顶采取超前小导管注浆。拱顶超前注浆小导管为 ϕ25mm 钢管，长度 1700mm，间距 30cm，仰角 10°～15°，端头花管 1200mm，孔眼 6～8mm，每排四孔，交叉排列，孔间距 100～200mm，每开挖一步注浆一次，注浆时封闭掌子面。

3.3.2 土体加固预注浆

由于桥基础为沉箱基础，基础所处砂卵石地层在开挖过程中受到扰动将使桥基产生不均匀沉降，并可能影响桥区原有管线的安全，尤其是暗涵顶 1.5m 处的高压燃气管线的安全。所以我们在施工过程中对暗涵周围 2m 范围内土体进行超前土体加固注浆。加固范围见图 5。

拱顶、拱底土体加固预注浆导管为 ϕ25mm 钢管，长度 2250mm，间距 30cm，与洞轴线方向成 45°夹角打入，端头花管

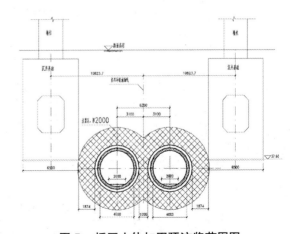

图 5 桥区土体加固预注浆范围图

1750mm，孔眼 6 ~ 8mm，每排四孔，交叉排列，孔间距 100 ~ 200mm，每开挖两步注浆一次。

桥基础侧土体加固预注浆导管为 ϕ25mm 钢管，长度 2250mm，间距 30cm，与洞轴线方向成 45° 夹角打入，端头花管 1750mm，孔眼 6 ~ 8mm，每排四孔，交叉排列，孔间距 100 ~ 200mm，每开挖两步注浆一次。

暗涵间土体加固预注浆导管 ϕ25mm 钢管，长度 1700mm，间距 30cm，与洞轴线方向成 45° 夹角打入，端头花管 1200mm，孔眼 6 ~ 8mm，每排四孔，交叉排列，孔间距 100 ~ 200mm，每开挖两步注浆一次，注浆时封闭掌子面。

详见穿越桥区段超前注浆横断面图6。

3.3.3 掌子面注浆

注浆导管为为 ϕ25mm 钢管，注浆导管外

露 20cm，伸入土体 100cm。掌子面采用 30cm 厚 M10 水泥砂浆进行封闭。掌子面注浆每 1m 注浆一次。

3.3.4 所注浆液

由于暗涵穿越地层为砂卵砾石，所以根据试验确定所注浆液为水泥—水玻璃双液浆，具体配比根据地质情况现场试验确定，并在水泥浆中加少量膨润土，以增强可灌性。

水泥、水玻璃双浆液配合比：

①水泥浆：$W/C = 1:1$（重量比）

②水玻璃浆液：稀释至 3Be′

③水泥浆：水玻璃浆 = 1:1（体积比）

3.3.5 注浆工艺及施工

（1）注浆工艺

图7为双液注浆工艺流程，单液注浆工艺

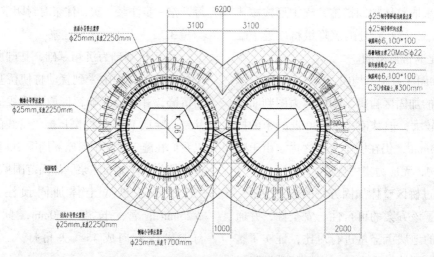

图6 穿越桥区段超前注浆横断面图

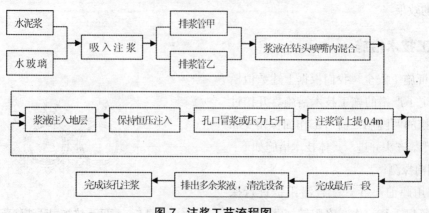

图7 注浆工艺流程图

相对简单，又与双浆相似，此处就不重复列出。

（2）注浆步骤

①钻孔：由测量人员用红漆在掌子面按设计要求准确画出钻孔位置，然后将一头为锥形的刚性小导管打入岩层内。

②清孔：用高压水清理孔内泥浆或碎渣，保持孔内清洁，封堵端部注浆管与孔壁间空隙。

③注浆：经检查各管正常后，开始注入事先拌好的水泥—水玻璃浆液，当注浆压力达到终压时持续5min后停止注浆，放上止浆塞。

（3）注浆操作中应注意的事项

①注浆前：认真、仔细检查注浆泵及各管路，测算好一个循环、一个单孔的注浆量以及按选定的双液浆各参数搞好配料工作。

②注浆中：压力表由油门直接调节，控制好压力和注浆量；控制双液浆初凝时间；遇有串浆、冒浆时，可采用间隔注浆或两泵同压法；遇有吸浆量过大时，可能出现大的裂缝或空洞，宜先用浓水泥浆，停止2～3min，再次压浆，若估计可能出现空洞时，宜补小钢管，压入细砂，最后再压注双液浆以固结。

③注浆后：收回注浆泵，及时清理、保养、检修。

3.3.6　注浆结束标准

注浆压力不超过0.35MPa。每一个注浆段的结束标准主要有两条，一是看入量，二是看注浆压力，二者兼顾。为此，要根据地层的孔隙率，估算每一个孔注浆量，作为施工时的参考标准，注浆过程中如果达到或接近预计值，并且压力也有所升高，即可以结束该段注浆。如果进浆量虽没有达到预计值，检查压力已接近上限，可能因为该段已被上一段注浆时串浆

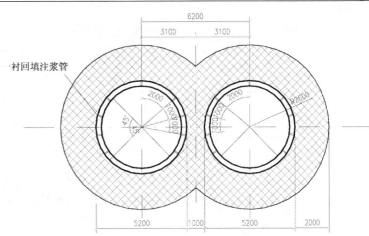

图8　桥区段一衬回填注浆管布置图

或地层有变化注不进，也可以结束该段的注浆。一个孔的每一段都注好了，就可以结束该孔的注浆。

3.4　背后回填注浆

图8为桥区段一衬回填注浆管布置图。

一衬施工完成后，进行背后回填注浆，注浆导管为ϕ25mm钢管，长度70cm，外露20cm，浆液为0.5：1水泥浆液。注浆跟随开挖工作面，并距开挖面5m处进行，且初支混凝土强度达到设计强度70%以上。灌浆压力为0.2～0.3 MPa，在规定的压力下，注浆孔停止吸浆延续灌注5min即可结束。

4　监控量测

4.1　监测点布置

我们为有效监测桥体，及时反馈、指导施工，在桥体上共布设了8个监测点，详见图9。

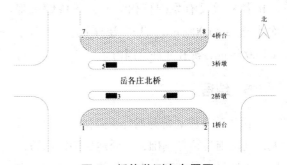

图9　桥体监测点布置图

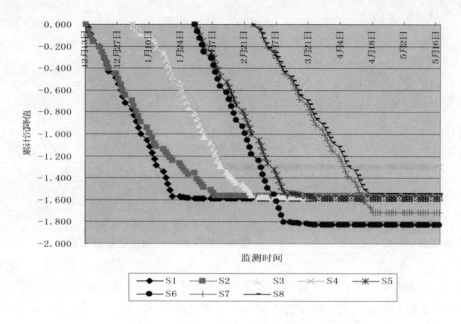

图10　桥体监测曲线图

4.2　监测数据及结论

总结各测点变形情况，可以发现桥体各部位沉降变形呈现规律性变化，如图10所示。

根据监测数据，我们可以看到：桥墩最大累计沉降值为：四号台8号点，累计沉降值为：-1.80（mm），速率为 -0.06（mm）。最小累计沉降值为：二号台4号点，累计沉降值为：-1.30（mm），速率为 -0.04（mm）。

最大横向差异沉降值为：+0.40(mm)，在二号台5号点和6号点位之间，横向差异沉降均小于 ±3.00(mm)。最大纵向差异沉降值为：-0.60(mm)，在二号台4号点和三号台6号点。

根据观测数据分析，在施工期间岳各庄北桥各桥墩没有发现任何异常，各桥墩沉降均小于 ±15.00(mm)，纵向差异沉降均小于 ±15.00(mm)，都在允许范围内。

5　结语

由于岳各庄北桥为四环主路桥，交通流量大，且基础为箱形基础，所处地层为砂卵石，桥区管线较多（有高压燃气管线）。这就要求

暗涵穿越桥区施工过程中必须采取有效措施来保证施工安全。通过详细论证和计算，我们采取了以上技术措施，并在施工当中严格贯彻执行，并用监控量测数据指导施工。

完成穿越桥区施工后，桥体未发生不均匀沉降，地面沉降在规范允许范围内，隧洞变形也在规范规定范围内。由此可见以上施工技术措施制定合理，并以实践验证了其可行性，为今后类似工程的施工提供了借鉴和参考。⑤

钢筋保护层在中英结构规范中的差异分析与研究

王建英，杨　峰，王力尚

（中国建筑股份有限公司海外事业部，北京，100125）

摘　要： 通过考虑有效锚固、保证混凝土的耐久性、截面有效高度三个方面的因素，对中英两国结构设计规范的钢筋保护层厚度进行了分析与比较，并进行了总结说明。

关键词： 有效锚固；混凝土的耐久性；截面有效高度；钢筋保护层厚度

在土木工程结构设计与施工中，由于钢筋和混凝土的特殊作用原理，钢筋需要有保护层，其定义基本就是包裹在钢筋外面的一定厚度的混凝土，其厚度为钢筋边缘至混凝土边缘之间最小的距离。设计未说明时，保护层厚度一般是指主筋保护层厚度，混凝土外面的粉刷不作为保护层厚度。

保护层的主要作用是：①保障结构的受力性能，保证正常使用极限状态下结构正常工作。②保证混凝土对钢筋的有效锚固，满足钢筋粘接、锚固的要求，使钢筋充分发挥其强度。保护层厚度的最小值是为了保证钢筋与其周围包裹的混凝土能够共同协调工作。③保证混凝土的耐久性，满足构件耐久性的要求，使钢筋因有混凝土的保护而不易锈蚀。④满足防火要求，不致因火灾使钢筋很快达到软化点。因此中英两国结构规范的钢筋保护层比较与分析是极其重要的一部分。

1　钢筋的混凝土保护层

钢筋的混凝土保护层是指结构中最外层钢筋（包括箍筋、构造筋、分布筋等）外边缘至混凝土表面的距离。中英两国标准对其定义相同，但要求却有不同。英国标准对钢筋混凝土保护层厚度的要求主要体现在《Eurocode 2: Design of concrete structures–Part 1.1: General rules and rules for buildings》BS EN1992–1–1:2004 及其配套的 NA to BS EN 1992–1–1:2004 这两个规范为主进行说明。根据近年我国对于混凝土结构耐久性的科研试验及调查分析，并参考《混凝土结构耐久性设计规范》GB/T50476 和《工业建筑防腐蚀设计规范》GB50046 以及国外相应规范、标准的有关规定，出于对混凝土结构耐久性的考虑，《混凝土结构设计规范》GB50010–2010 新规范对混凝土保护层的厚度作了较大的调整。

1.1　混凝土结构耐久性设计及环境作用等级

钢筋混凝土保护层厚度的要求与环境类别密切相关，与中国规范 GB50010–2010 表 3.6.2 一样，英标 BS EN1992–1–1:2004 亦根据混凝土的暴露条件进行分级，但比中国规范详尽许多。英国标准共分为 6 种环境类别 19 个等级，分别是：无侵蚀作用（X0）；碳化侵蚀作用（XC1~XC4）；氯化物侵蚀作用（XD1~XD3）；

海水中氯化物侵蚀作用（XS1~XS3）；冻融侵害作用（XF1~XF4）；化工侵害作用（XA1~XA3），具体环境条件定义及结构构件示例详见 BS EN1992-1-1:2004 中表4.1。

1.2 钢筋的混凝土保护层厚度要求

在耐久性分析的基础上，BS EN 1992-1-1:2004 结合考虑粘结条件、附加要求、是否采用不锈钢、外加保护措施等多个方面，提出了确定混凝土保护层厚度的方法。

1.2.1 钢筋的混凝土保护层厚度需在设计图中标明，其计算如下式：

$$c_{nom} = c_{min} + \Delta c_{dev}$$

（式1.1）

式中 c_{nom}——规范要求的钢筋的混凝土保护层设计厚度；

c_{min}——规范要求的钢筋的混凝土保护层的最小设计厚度（见式1.2）；

Δc_{dev}——规范规定的钢筋的混凝土保护层设计厚度的修正值，英标 NA to BS EN1992-1-1:2004 中规定同欧盟标准 EN1992-1-1:2004，其值一般为10mm。

1.2.2 钢筋的混凝土保护层的最小厚度 c_{min}

钢筋的混凝土保护层的最小厚度 c_{min} 应满足：①保证握裹层混凝土对受力钢筋的锚固作用；②对钢筋的防腐保护满足混凝土结构耐久性要求；③防火要求。

（1）钢筋的混凝土保护层的最小厚度 c_{min} 的计算，可按下式进行：

$$c_{min} = max\{c_{min,b}; c_{min,dur} + \Delta c_{dur,\gamma} - \Delta c_{dur,st} - \Delta c_{dur,add}; 10mm\}$$

（式1.2）

式中 c_{min}——规范要求的钢筋的混凝土保护层的最小设计厚度；

$c_{min,b}$——考虑握裹层混凝土对受力钢筋的锚固作用的最小保护层厚度，见表1；

考虑握裹层混凝土对受力钢筋的锚固作用的最小保护层厚度 $c_{min,b}$　　表1

配筋方式	最小保护层厚度 $c_{min,b}$ *
单筋排列	钢筋直径 d
钢筋束排列	等效直径 ϕ_n

* 如果公称最大骨料直径大于 32mm，$c_{min,b}$ 则需另增加 5mm

$c_{min,dur}$——考虑环境条件对结构耐久性影响的最小保护层厚度，见表2；

$\Delta c_{dur,\gamma}$——结构耐久性安全附加值，英标 NA to BS EN1992-1-1:2004 与欧盟标准 EN1992-1-1:2004 中相同，其值为 0mm；

$\Delta c_{dur,st}$——当采用不锈钢材时，钢筋保护层最小设计厚度的可减小值，英标 NA to BS EN1992-1-1:2004 与欧盟标准 EN1992-1-1:2004 中相同，其值一般为 0mm；

$\Delta c_{dur,add}$——当采用其他可提高结构耐久性的措施时，钢筋保护层最小设计厚度的可减小值，英标 NA to BS EN1992-1-1:2004 与欧盟标准

考虑环境因素和混凝土结构等级作用的最小保护层厚度 $c_{min,dur}$　　表2

结构等级	环境作用等级						
	X0	XC1	XC2/XC3	XC4	XD1/XS1	XD2/XS2	XD3/XS3
S1	10	10	10	15	20	25	30
S2	10	10	15	20	25	30	35
S3	10	10	20	25	30	35	40
S4	10	15	25	30	35	40	45
S5	15	20	30	35	40	45	50
S6	20	25	35	40	45	50	55

说明：1. 环境作用等级划分详见 BS EN1992-1-1:2004 中表4.1；

2. 结构等级划分详见 BS EN1992-1-1:2004 中表4.3N。

EN1992-1-1:2004 中相同，其值一般为 0mm。

（2）在其他混凝土构件（预制的或现浇的）表面现浇混凝土时，若混凝土强度不小于 C25/30，混凝土表面暴露在室外环境中的时间小于 28 天且交界面粗糙时，则到界面的最小保护层厚度 $c_{min,b}$ 可减小到表 2 中规定的要求。

（3）若基层表面粗糙（如基层为外露的骨料），最小保护层厚度 $c_{min,b}$ 应至少另增加 5mm。

（4）英标 BS EN1992-1-1:2004 中对易遭受磨损的混凝土表面进行了磨损等级划分，并对相应表面保护层厚度增加值提出了建议，供设计人员参考。

国标《混凝土结构设计规范》GB50010—2010 规定，构件中受力钢筋的保护层厚度应不小于钢筋的公称直径（表3）。设计使用年限为 50 年的混凝土结构，最外层钢筋的保护层厚度应符合表4的规定；设计使用年限为 100 年的混凝土结构，最外层钢筋的保护层厚度应不小于表4数值的 1.4 倍。当有充分依据并采取规范列举的有效措施时，可适当减小混凝土保护层的厚度。

通过分析中英规范，可以发现两国标准均按照结构设计使用年限、结构环境类别及耐久性作用等级对钢筋的保护层厚度进行了规定，但英标中的要求比中国现行标准更加明确和详细。如对结构环境类别及耐久性作用的确定方面，BS EN1992-1-1:2004 中首先按照环境对混凝土结构不利影响的形式划分环境类别，在不同的环境类别中再按影响的程度确定结构等级，根据结构等级和混凝土强度等级的不同采取相应的保护措施和控制力度；中国相应标准就比较笼统和简单。

英标中对钢筋保护层厚度的要求主要与结构耐久性、结构等级有关；设计使用年限、混凝土强度等级、结构平面几何条件、构件加工质量都对钢筋保护层厚度进行了明确约束，英标中还要求了具体的计算公式。而中国标准则简化考虑，按平面构件及杆形构件分两类确定保护层厚度，简化了混凝土强度的影响，C30 以上统一取值，其主要按设计使用年限、结构耐久性、构件类别对钢筋保护层厚度进行了明确。英标中规定了并筋（钢筋束）的混凝土保护层厚度，而现行中国标准对此尚未明确。

1.3 中国结构规范的钢筋保护层厚度的确定

现行《混凝土结构设计规范》对钢筋保护层按环境类别、构件类型、混凝土强度等级分别做出了规定。

1.4 按英标设计的某工程实施案例参考

中东某国机场项目现浇混凝土框架结构按英标设计要求的钢筋的混凝土保护层厚度见表5。

GB50010-2010 表 7.2.1 钢筋的混凝土保护层最小厚度（mm）　　表 3

环境类别及耐久性作用等级	板、墙、壳	梁、柱
一	15	20
二 a	20	25
二 b	25	35
三 a	30	40
三 b	40	50

最外层钢筋的保护层厚度　　表 4

序号	环境种类	种类	保护层厚度	备注
1	一类环境	由工厂生产的预制构件，混凝土强度不低于 C20	可按照规定减小 5mm，预应力钢筋保护层厚度不小于 15mm	
2		预制钢筋混凝土受弯构件钢筋端头	保护层厚度不小于 10mm	
3		板、墙/壳中分布钢筋	保护层厚度不小于 10mm	
4		梁、柱中箍筋和构造钢筋	保护层厚度不小于 15mm	
5		梁、柱中纵向钢筋	保护层厚度大于 40mm，应采取有效防裂构造措施	

按英标设计要求的现浇混凝土结构钢筋保护层厚度实例　　　　　　表5

序号	构件类型及环境	钢筋的混凝土保护层厚度（mm）
1	直接浇筑在土壤表面并永久裸露在土壤中的现浇混凝土结构	75
2	利用模板浇筑并外包卷材后置于土壤中的现浇混凝土结构	50
3	露天环境中的现浇混凝土结构	50
4	非露天环境或不与土壤接触的现浇混凝土结构	
4.1	板，墙	25
4.2	梁	40
4.3	柱	40

2 结语

　　由此可见，在结构设计的原理上，对于受弯构件、偏心受拉及偏心受压构件而言，混凝土保护层厚度越小越好，构件的截面有效高度越大，构件的承载能力会发挥越大。钢筋在混凝土中保护层厚度越小，构件的锚固和耐久性越差。考虑有效锚固、保证混凝土的耐久性、截面有效高度三个方面的因素，在保证和满足钢筋锚固和混凝土耐久性的条件下，应尽量取最小的保护层厚度。

　　对钢筋的混凝土保护层厚度，中英两国标准定义相同但要求却不同。英标中的要求比中国现行标准更加明确、详细和复杂，中国标准则简化考虑。英标中规定了并筋（钢筋束）的混凝土保护层厚度，而现行中国标准对此尚未提及，亟待规范修订时予以明确。⑥

参考文献：

[1] 朱艳.浅谈钢筋混凝土保护层在建筑工程中的重要性[J].同煤科技,2010（3）.

[2] 贡金鑫,车轶,李荣庆.混凝土结构设计（按欧洲规范）[M].北京:中国建筑工业出版社,2009:87-90,93-98,250-254.

[3] 中国建筑科学研究院.GB50010-2010混凝土结构设计规范[S].北京:中国建筑工业出版社,2011.

[4] 中国建筑科学研究院.GB50204-2002（2011年版）混凝土结构工程施工质量验收规范[S].北京:中国建筑工业出版社,2011.

[5] 中国建筑科学研究院.GB50666-2011混凝土结构工程施工规范[S].北京:中国建筑工业出版社,2011.

[6] 中国钢铁工业协会.GB1499.2-2007钢筋混凝土用钢 第2部分 热轧带肋钢筋[S].北京:中国标准出版社,2007.

[7] 中国钢铁工业协会.GB1499.1-2008钢筋混凝土用钢 第1部分热轧光圆钢筋[S].北京:中国标准出版社,2008.

[8]BS EN 1992-1-1:2004.Eurocode 2: Design of concrete structures-Part 1.1: General rules and rules for buildings,2008.

[9]BS 8110-1:1997.Structural use of concrete -Part 1: Code of practice for design and construction,2007.

[10]BS EN 13670:2009.Execution of concrete structures, 2010.

[11]BS 4449:2005+A2:2009.Steel for the reinforcement of concrete - Weldable reinforcing steel - Bar, coil and decoiled product - Specification,2009.

[12]BS EN 10080:2005.Steel for the reinforcement of concrete - Weldable reinforcing steel – General,2005.

[12]BS 8666:2005.Scheduling,dimensioning, bending and cutting of steel reinforcement for concrete – Specification,2008.

[13]BS EN ISO 17660-1-2006(2008).Welding - Welding of reinforcing steel - Part 1: Load-bearing welded joints,2008.

[14]BS EN ISO 17660-2-2006.Welding-Welding of reinforcing steel - Part 2: Non load-bearing welded joints,2008.

火力发电厂控制工程造价的具体措施

杨晓辉[1]，刘明哲[2]

(1. 中国能源建设集团东北电力第四工程公司 辽阳 111000;
2. 中国国电集团公司沈阳热电有限公司 沈阳 110142)

摘 要: 价格竞争是市场竞争的本质特征，是竞争主体为占有市场采取的重要手段之一。控制工程造价、降低项目成本，是项目法人开展以价格为导向、以经济效益为中心投资经营活动的必然要求。本文阐述了火力发电厂建设阶段采取合理措施控制造价，实现项目建设目标，从而确保实现企业利润最大化的具体措施。

关键词: 火电厂；控制造价；具体措施

随着我国经济体制改革的深入发展，特别是《建筑法》、《招标投标法》和《合同法》的颁布实施以及在基本建设领域中项目法人负责制、招标投标制、合同管理制、项目监理制、资本金制的全面推行，使我国工程建设管理模式和投资管理体制正朝着市场化、法制化、规范化的方向不断推进。通过对燃煤电厂电价成本构成的分析可知，燃料费和折旧费占电价成本的 70% 以上，这两项成本最突出地反映了电厂运行成本和建设成本对电价的影响作用。因此，控制工程造价和提高系统运行效率是降低电价成本，提高企业市场竞争力的最有效途径，是项目业主开展以市场为基础、以价格为导向、以经济效益为中心的投资经营活动的必然要求。

一、指导思想和基本原则

合理确定工程造价，投资水平和费用结构的合理性是实现项目建设各方的经济利益、创建共赢局面的重要条件，从而实现"全过程、全寿命、全要素、全员参与"控制工程造价:

（1）全过程的造价控制是以减少一次性投资为目的，要求从规划、设计、采购、施工、调试等各个建设环节对工程造价和费用支出进行管理和控制；

（2）全寿命的造价控制是以实现项目全寿命周期费用最小化为目的，利用动态分析的方法对一次性投资和机组运行费用进行综合分析，达到业主在整个项目寿命周期内费用支出最少；

（3）全要素的造价控制是对质量、进度、安全和费用进行的综合控制，对于最终会引起费用支出的各种因素进行有效控制，使风险费用最小化；

（4）全员参与就是无论设计、费用控制、采购、施工管理、进度管理、质量管理、安全管理人员都要求树立费用控制人人有责、全员参与的意识，从大处着眼，从小处着手，人人在工作中树立成本意识，营造全员关心成本、关心造价的局面，才能最有效地减小成本、控制费用。

二、 控制工程造价应研究的主要内容

在工程建设的各个环节中，设计是龙头，要控制工程造价必须从设计抓起。据资料显示，影响项目建设费用最大的阶段是约占工程项目建设周期四分之一的技术设计结束前的工作阶段。在初步设计阶段，影响项目建设费用的可能性约为75%至95%；在司令图设计阶段，影响项目建设费用的可能性约为35%至75%；在施工图设计阶段，影响项目建设费用的可能性则为5%至35%。

工程设计环节应着重满足"安全可靠、经济适用、成熟先进、符合国情"的综合目标。在设计工作中强化经济意识，在满足功能和质量的前提下，积极进行设计优化和方案创新，改变传统的总平面布置方式，在建筑结构形式及管道布置以及材料选型、电厂控制方式等多方面对火力发电厂的总体设计进行全面的优化，努力降低建筑安装工程量及工、料、机消耗。对于各工艺系统的重大方案坚持进行技术经济比较，力求方案具有较好的技术先进性和经济合理性。

三、 控制工程造价的具体措施

（一）以合理降低一次性投资为目的的设计方案优化

某热电厂2×300MW等级供热机组扩建工程施工是我单位通过招投标取得的施工项目，本工程取消了除氧间、煤仓间，改为侧煤仓；通过合理确定设计容量、简化系统等优化设计措施，对控制全厂工程造价有着显著的综合效果，引起主要工程量变化及费用减少，如表1所示。

（二）推行精细化、优化设计

优化设计方案，控制工程造价，增收节支，提高投资回报率。

在精细化设计中特别强调对建筑工程中的基础工程、框架结构、楼地面等和安装工程中的高低压管道、保温油漆、钢结构等影响投资较大的主体工程量要加强计算与校核工作，以满足工艺要求为前提，杜绝浪费现象。

在精细化设计中，设备购置费也是投资控制的重点之一。设计人员在选择设备生产能力和控制方式时必须坚持性能和价格并重的原则，不可偏废，不适当的容量裕度和备用都将造成费用的浪费。

（三）强化纵向控制，实现全过程限额设计

严格执行限额设计这一控制工程造价的有效手段，将其作为规范和指导设计工作的可操作性文件，能够取得控制工程造价的良好效果。

工程量变化及费用减少额   表1

序号	名称	单位	投标量	限额量	量差	费用减少额（万元）
1	主厂房	m³	192741	315207	-122466	-3735
2	烟囱	m	180	210	-30	-1921
3	冷却塔	m²	4000	5000	-1000	-1245
4	热力系统汽水管道	t	1282	1979	-697	-2332
5	旁路系统	%	15	30	-15	-170
6	烟风煤管道	t	2063	2130	-67	-67
7	辅助系统优化设计					-1260
8	设备选型优化					-3996
9	电缆	km	1130	1369	-239	-1260
10	脱硫（取消GGH）					-2428
	合计					-18414

限额设计并不是一味考虑节约投资，也决不是简单地将投资砍一刀，而是包含了尊重科学、尊重实际、实事求是、精心设计和保证科学性的实际内容。限额设计的总额度在可行性研究阶段确定，可行性研究投资估算批准后，即为本工程的限额设计目标，初步设计概算不超过估算，施工图预算不超过概算。

（四）积极开展设备材料采购和施工招标

根据招标投标法的要求，目前电力行业已广泛采用施工招标和设备采购招标的方式来确定建筑安装施工单位和主要设备供应商。实践证明，通过公开市场竞争，能够有效地控制工程造价并保证工程建设的质量和进度。通过对技术和商务报价进行对比分析，综合质量、价格、交货或施工进度、安全等因素，积极提出技术性建议，以达到控制工程造价的目标。

（五）实施全过程监理，是贯彻全要素控制造价的方法

实行全过程监理是有效控制工程造价的重要保证，也是全面实现工程建设质量、进度、造价和安全四大控制目标的可靠措施。

与设计工作中要求兼顾技术先进性和经济合理性相一致，在目标系统的控制中要平衡质量、进度和造价的关系。项目监理在进行目标规划时，要注意统筹兼顾，合理确定投资、进度、质量三大目标的标准，在需求与目标之间、三大目标之间反复协调，力求做到需求与目标的统一，三大目标之间的统一；以实现项目目标系统作为衡量目标控制效果的标准，追求目标系统整体效果，做到各个目标之间的互补。

（六）加强施工阶段工程造价的控制措施

1. 建立有效沟通，保证信息的及时准确

及时准确地掌握设计进度、设备制造和到场进度，科学合理地做好施工准备、进度安排和力能配置，避免延误工期、力能窝工。了解和掌握监理单位要求，确保工程质量，确保验收和工序交接的有序进行，避免返工和重复检查。掌握其他单位施工进度，确保相互不影响、不制约。

2. 保施工质量、缩短工期措施

科学合理安排施工进度，确保施工安全和工程质量，提高作业效率、减少交叉作业、降低相互制约，努力缩短工期。努力缩短试运调试工期，尽量减少水、电、油、气等用量。降低造价的同时又能使工程早日投入商业运行，早日受益。

3. 加强图纸会审，减少设计变更、变更设计和重复施工措施

科学、合理地安排施工进度，将图纸会审工作做实、做细，处理好各专业间的接口和交叉，避免或尽量减少本项目的设计变更、变更设计和重复施工。

4. 施工成本控制措施

做好市场调研，采取"低价囤积、质优比价、集中采购、集中招标"的方式，来降低材料采购成本。做好备料计划和控制采购数量关，避免多采浪费和过早购入挤占资金。

合理配置施工人员和机械设备，专业结构配置科学合理，实施内部承包政策，努力提高工作效率。

四、结束语

控制工程造价是一项系统工程，业主要实现控制工程造价的目标，有赖于项目建设的各个阶段都能够全面实现质量、进度、安全和费用等控制目标，有赖于项目建设各方的通力合作，项目供货商、设计、施工、调试、监理等单位本着"最先控制整体工程造价，在确保业主利益的前提下控制自身成本"的原则，采取科学有效的措施。因此，从本质上讲，合理控制工程造价，是对参建各方的切身利益的基本保障，是实现业主目标的前提。

我国建筑施工企业挂靠经营的法律问题研究

谢笑梅

（北京理工大学法学院，北京 100081）

建筑业是人民生活的重要物质基础，国民经济的支柱产业，为全社会和国民经济各部门提供最终建筑产品。近年来，随着国家扩大内需、促进经济增长的一系列措施的出台，国家基础建设不断加大，在全国范围内掀起了一股建筑施工热潮，建筑业随之蓬勃发展起来，然而建筑市场内部的不规范操作问题、违法违规现象日益显现。其中，特别是挂靠经营引发的系列问题，更是成为建筑业的热点问题。因此，建筑业企业应该正确认识挂靠经营的法律规定、表现形式、法律风险等相关内容，为更好地解决相关法律问题做好准备，积极构建良性发展的建筑市场。

一、建筑施工企业挂靠经营概述

建筑施工企业中的挂靠经营行为是指没有相应建筑资质或建筑资质较低的企业、其他经济组织、个体工商户、个人合伙、自然人（即挂靠人）以赢利为目的，借用其他有相应建筑资质或建筑资质较高的建筑施工企业（即被挂靠人）名义承揽施工工程的行为。[①]

（一）对建筑施工企业挂靠经营的相关规定

我国 1998 年 3 月 1 日开始施行的《建筑法》与 2000 年 1 月 30 日起施行的《建筑工程质量管理条例》充分表明了国家对建筑施工企业挂靠经营明令禁止的态度。[②]《建筑法》第二十六条规定，承包建筑工程的单位应当持有依法取得的资质证书，并在其资质等级许可的业务范围内承揽工程。禁止建筑施工企业超越本企业资质等级许可的业务范围或者以任何形式用其他建筑施工企业的名义承揽工程。禁止建筑施工企业以任何形式允许其他单位或者个人使用本企业的资质证书、营业执照，以本企业的名义承揽工程。国务院《建设工程质量管理条例》第二十五条规定，施工单位应当依法取得相应等级的资质证书，并在其资质等级许可的范围内承揽工程。禁止施工单位超越本单位资质等级许可的业务范围或者以其他施工单位的名义承揽工程。禁止施工单位允许其他单位或者个人以本单位的名义承揽工程。

2005 年 1 月 1 日起施行的《最高人民法院关于审理建设工程施工合同纠纷案件适用法律问题的解释》（以下简称《解释》）第一条规定，建设工程施工合同具有下列情形之一的，应当根据我国 1999 年 10 月 1 日起施行《合同法》第五十二条第（五）项的规定，认定无效：

（二）没有资质的实际施工人借用有资质或者超越资质等级的。最高人民法院在制订《解释》时表述的"借用"与"挂靠"实际上系同一概念。依据《民法通则》第一百三十四条的规定，

① 沙剑．建筑行业中挂靠经营是否无效？［DB/OL］．http://blog.sina.com.cn/s/blog_53825bc601015mfv.html，2012.05.26.

② 王少联．浅析建筑行业的"挂靠"行为［J］．法治栖霞，2009,07.19–22.

被挂靠人要返还管理费用，挂靠人的违法所得法院应予以收缴。

《建筑法》第六十六条与《解释》第二十五条、1992 年 7 月 14 日最高人民法院审判委员会第 528 次会议讨论通过的最高人民法院关于适用《中华人民共和国民事诉讼法》若干问题的意见第四十三条明确规定，在因工程质量产生纠纷时，发包方可以将挂靠人与被挂靠人作为共同被告提起诉讼，要求二者承担连带责任。

综上，可以看出我国对于挂靠经营的行为在法律上是明令禁止的，但是在实践中挂靠的现象却仍然屡禁不止，挂靠经营存在的原因及其危害，值得我们进一步的探讨。

（二）建筑施工企业挂靠经营的特征

从挂靠人的角度看，①挂靠人没有从事建筑活动的主体资格，或者虽有从事建筑活动的资格，但不具备与建设项目的要求相适应的资质等级；②挂靠人需向被挂靠企业缴纳一定数额的"管理费"，并且需要承担被挂靠企业派驻施工现场管理人员的薪资。

从被挂靠人的角度看，①被挂靠的施工企业具有与建设项目的要求相适应的资质等级证书，但往往缺乏承揽该工程项目的能力，或者即使具备施工能力但由于大量工程招投标的暗箱操作导致其自行投标并中标的机会几乎为零，因此施工企业需要和有实力并且有关系的挂靠人进行"合作"；②被挂靠企业在投标过程中所需缴纳的投标保证金，以及中标后需要缴纳的履约保证金或银行履约保函所需资金，均由挂靠人负责筹措并以被挂靠企业名义缴纳。[①]

（三）建筑施工企业挂靠经营的表现形式

1. 借用资质型

通常的操作是有手段和能力承揽工程的低资质企业，寻求符合建设项目要求的高资质等级施工企业，并且以高资质等级施工企业的名义参与投标，中标后与发包人签订建设工程施工合同，然后由低资质等级的施工企业进行施工。一般来说，借用资质型挂靠的挂靠人为低资质企业，被挂靠人为符合建设项目要求的高资质企业。

2. 内部承包型

通常的操作是根本不具备建设工程施工能力的个人，寻找一个符合项目要求的施工企业，由该施工企业与发包人签订施工合同。被挂靠的施工企业任命或聘用挂靠人为其员工，并委以施工负责人的职务，双方签订内部承包合同。一般来说，内部承包型的挂靠人为不具备建设工程施工能力的个人，被挂靠人为符合项目要求的施工企业。由于内部承包型挂靠相较于借用资质型挂靠，具有更高的隐蔽性，在实践中较为常见。

二、我国建筑施工企业挂靠经营的现状

（一）建筑施工企业挂靠经营存在的原因

1. 建设工程招标投标制的施行

建设工程实施招投标制度有利于降低工程造价，提高工程质量，缩短工期，促进施工企业新工艺、新材料、新技术的大量推广和应用。对施工企业来说，投标已成为其获得工程任务和求得生存发展的主要手段。[②]

我国的招投标制以 1998 年《建筑法》为标志步入正轨，并且不断地发展完善。在 1984 年国务院颁布暂行规定实行招标投标之前，建设任务都是由行政手段来分配的。当时并不存在挂靠经营，因为没有工程招标承包制，挂靠经营根本就没有产生的土壤。

① 李新平 . 建筑业"挂靠"经营及相关法律风险问题研究 [J]. 当代经济 , 2011 (9): 39–41.

② 蒋世军 . 建设工程招标投标的发展及趋势 [J]. 中国科技信息 ,2005（14）:12–13

从 1984 年到 1992 年间，我国建设工程招标方式基本以议标为主，大多形成私下交易，暗箱操作，缺乏公开公平竞争。这个时期，虽然也存在实质上的挂靠经营行为，却因为法律的空缺，而隐身于众人目光之外。[①]

从 1992 年 12 月 30 日建设部颁布的《工程建设施工招标投标管理办法》(建设部令第 23 号)至 1998 年《建筑法》的出台这个期间，招标投标制度逐渐发展成熟，2000 年《招标投标法》的出台与各地政府相应配套措施的施行，使得招投标工作顺利开展，也正是这个时期，挂靠经营的行为得以产生且日益严重。[②]

2. 严格的资质管理与市场准入制度的确立

2007 年 9 月 1 日起施行的《建筑业企业资质管理规定》第三条规定，建筑业企业应当按照其拥有的注册资本、专业技术人员、技术装备和已完成的建筑工程业绩等条件申请资质。经审查合格，取得建筑业企业资质证书后，方可在资质许可的范围内从事建筑施工活动。《建筑法》第十三条规定，从事建筑活动的建筑施工企业、勘察单位、设计单位和工程监理单位，按照其拥有的注册资本、专业技术人员、技术装备和已完成的建筑工程业绩等资质条件，划分为不同的资质等级，经资质审查合格，取得相应等级的资质证书后，方可在其资质等级许可的范围内从事建筑活动。由此我们可以看出，国家对建筑市场的准入管理非常严格。在保障了工程项目安全质量的同时将没有资质或者资质低的实际施工人排除在建筑市场外。此类施工人无法依靠自己进入招投标承揽工程，挂靠经营便由此产生。

3. 现行法律规定的缺位

上文提到的我国对于挂靠经营的行为在相关法律上采取的是明令禁止的态度，设立了许多禁止性条款，任何单位或个人均不得违背。例如：《建筑法》第二十六条、《建筑工程质量管理条例》第二十五条、《招标投标法》第三十三条等。但 2005 年 1 月起施行的《解释》第一条规定，建设工程施工合同具有下列情形之一的，应当根据《合同法》第五十二条第（五）项的规定，认定无效：没有资质的实际施工人借用有资质的建筑施工企业名义的。而《解释》第二条又规定，建设工程施工合同无效，但建设工程经竣工验收合格，承包人请求参照合同约定支付工程价款的，应予支持。《解释》的出发点是为了保证工程质量，即使建设工程合同无效，也应按照有效结算。也就是说只要工程的质量验收合格，就可以向建设方主张工程价款结算，这给挂靠与被挂靠人提供了可乘之机，钻法律空子，并且一定程度助长了挂靠经营的形成。

4. 挂靠双方利益双赢、优势互补的合作模式的形成

在实践中，挂靠经营的挂靠人获得资质不用自己申请审批，这为其节省了审批成本，而被挂靠人将获得一定的管理费纯利润和工程业绩，有利于起更好地实现企业的扩大和资质等级的提升，在这样的利益双赢的驱动下，挂靠难免产生。另外，一些被挂靠人虽然符合建设项目资质各方面要求的，但是有时却难以依靠自己的实力承揽工程。而社会上的一些无资质或者低资质的施工人可以依赖自己多方面的人脉关系或建设方特殊关系掌握招标或议标信息，而参与投标获取工程。[③]由此，挂靠人就能利用被挂靠人的人力、物力、财力、业绩等资力，而被挂靠人就可以利用挂靠人的社会人脉关系，

① 余杭 . 体制创新是规范招投标市场的必由之路 [DB/OL] . http://www.ezztb.gov.cn/ezfront/InfoDetail/?InfoID=e0253d92-77cf-4857-ae33-a98c682b9d7e&CategoryNum=020, 20096.11.07.

② 周洁 . 建筑施工企业"挂靠经营"现象分析及对策 [D]. 广州：华南理工大学 . 建筑与土木工程 , 2011：17-18.

③ 李新平 . 建筑业"挂靠"经营及相关法律风险问题研究 [J]. 当代经济 , 2011 (9)：39-41.

出借自己的资质，两者优势互补，达成某种合作关系，参与投标获得利益。

（二）建筑施工企业挂靠经营存在的法律问题

1.挂靠经营的法律关系问题

挂靠经营涉及到挂靠人、被挂靠人、交易相对人等三方主体。在这三方主体之间存在着两种的法律关系。分为内部法律关系与外部法律关系，内部法律关系指的是挂靠人与被挂靠人之间的合同关系；而外部法律关系指的是挂靠人以被挂靠人的名义与第三人进行经济交易中的法律关系，主要包括合同法律关系、侵权法律关系、挂靠经营关系、双方与受雇人员之间形成的劳务关系。因此，对于挂靠人与第三人签订的经济合同中的合同双方、诉讼主体以及劳务关系等问题都需要在明确的法律关系下才能得以解决，现阶段的主要问题正是对于这些的法律关系的划分仍不清楚。

2.挂靠经营内部法律关系的合同效力问题

挂靠经营合同是指挂靠人与被挂靠人之间签订的工程挂靠经营合同。目前立法层面并未对挂靠经营内部法律关系的合同效力作出明确规定，针对挂靠经营内部法律关系的合同效力问题，学界观点主要有有效说与无效说两种。支持无效说的学者认为挂靠经营隐瞒了企业的真实性质，违反了合同法关于合同无效的规定，据此应该认挂靠经营合同为无效的合同；而支持有效说的学者认为挂靠经营合同不违反挂靠人和被挂靠单位真实意思表示、内容没有违反法律行政法规的强制性规定，应属有效。①

3.挂靠经营被挂靠人对外责任承担问题

虽然挂靠人与被挂靠人对内是独立的民事主体，有各自的利益，但对外一切活动都是以被挂靠企业的名义进行的。被挂靠企业很难对挂靠企业进行有效的监管，因为挂靠企业除了上交一定数量的管理费用给被挂靠企业外，一切的施工活动都自主进行。但是一旦对外需承担责任时，例如施工过程中遇到工程质量、交付期限、工伤工亡等问题，依照相关法律应由被挂靠企业承担法律责任或者被挂靠企业与挂靠人共同承担法律责任。但在对于被挂靠单位应该承担何种责任理论界仍然认识不清，其中比较有代表性的学说有：连带责任说、有限连带责任说、垫付责任说。

三、建筑施工企业挂靠经营的问题解决

正确地认识挂靠经营，不能仅仅局限于其存在的问题，也应该认识到挂靠经营具有优势。在市场经济招标投标制度下，挂靠经营模式在现阶段实际上是难以杜绝与回避的。我们应当理性地分析其中利弊，取其精华，解决其存在的问题。

1.挂靠经营的法律关系的明确

上文提到挂靠经营的法律关系分为内部法律关系与外部法律关系。应正确区分具体情况中所涉及的挂靠经营的法律关系是内部的挂靠人与被挂靠人之间的合同关系，还是外部的挂靠人以被挂靠人的名义与第三人进行经济交易中的合同法律关系，或者侵权法律关系，又或者挂靠经营关系双方与受雇人员之间形成的劳务关系。明确挂靠经营的法律关系，是解决纠纷的前提，利于审判实务中相关难题的解决。

2.挂靠经营合同效力的认定

一般情况下，关于挂靠经营合同效力的认定，按照《合同法》的规定，只要双方主体意思表示真实、具有相应的民事行为能力、且合同的内容不属于《合同法》第五十二条有关合同无效的规定，则应该认定该合同有效。但如果属于建筑工程挂靠经营等国家规定的实行特

---

① 闫若男.挂靠经营法律问题探析[D].郑州.河南大学.民商法学,2013：19-22.

殊行业准入制度的，则需要按照《建筑法》以及相关司法解释的规定，认定挂靠经营的合同效力。

关于挂靠经营合同效力的问题在《解释》第二条已经明确规定为无效，但是第三条又规定了实际施工人的合法债权请求权，很明显不符合《民法通则》和《合同法》关于合同无效的法律后果的规定。这主要是考虑到建设工程施工合同的特殊性，合同履行的过程就是劳动和建筑材料物化在建筑产品的过程，合同如果被确认无效，已经履行的内容不能通过返还方式将合同恢复到签约前的状态，只能按照折价补偿的方式处理，而参照合同约定结算工程价款符合了双方当事人签订合同时的真实意思表示。① 因此，对于认定挂靠经营合同的效力的问题，针对一些特殊案件的具体情况，应将该法律的基本原则与政策的基本精神相统一，科学认定合同的效力。

3. 被挂靠人对外法律责任承担的确认

对于不善意第三人，即第三人明知挂靠经营关系存在而仍然与挂靠人进行经济活动的，法律不予保护其经济利益，被挂靠单位不用对其承担责任，否则无论挂靠人是否向被挂靠人缴纳一定数量的管理费或利润，被挂靠单位都应该对挂靠人对外经营活动中的后果承担责任。这样将有利于保护交易安全和促进交易，一定程度上还能够提高企业的信誉、商誉、影响力等无形资产。

在合同法律关系的责任承担的问题上，可以适用《建筑法》第六十六条的规定，因承揽工程不符合规定的质量标准造成的损失，由建筑施工企业与使用本企业名义的单位或者个人承担连带赔偿责任。但是如果第三人明知挂靠经营关系的存在而故意为之，此时其利益不受保护，仅仅由挂靠人对其承担赔偿责任。⑤

参考文献：

[1] 沙剑.建筑行业中挂靠经营是否无效［DB/OL］. http://blog.sina.com.cn/s/blog_53825bc601015mfv. html，2012.05.26.

[2] 王少联.浅析建筑行业的"挂靠"行为 [J].法治栖霞,2009,07:19-22.

[3] 李新平.建筑业"挂靠"经营及相关法律风险问题研究 [J].当代经济, 2011 (9): 39-41.

[4] 蒋世军.建设工程招标投标的发展及趋势 [J].中国科技信息,2005（14）:12-13

[5] 余杭.体制创新是规范招投标市场的必由之路［DB/OL］. http://www.ezztb.gov.cn/ezfront/ InfoDetail/InfoID=e0253d92-77cf-4857-ae33- a98c682b9d7e&CategoryNum=020，20096.11.07.

[6] 周洁.建筑施工企业"挂靠经营"现象分析及对策 [D].广州: 华南理工大学.建筑与土木工程, 2011: 17-18.

[7] 王小红.建筑市场挂靠经营法律问题研究 [D].重庆: 西南政法大学.法学, 2011: 19-20.

[8] 闫若男.挂靠经营法律问题探析 [D].郑州.河南大学.民商法学, 2013: 19-22.

---

① 王小红.建筑市场挂靠经营法律问题研究 [D].重庆：西南政法大学.法学, 2011：19–20.

试论高速公路建设中的环境保护

赵书涛

（中建交通建设集团有限公司，北京 100161）

近几年来，随着我国经济的发展和经济实力的不断增强，国家加大了基础设施建设的投资力度，在中央和各级地方政府的高度重视和大力支持下，公路建设飞速发展，特别是高速公路的建设速度更是突飞猛进，各省、市、自治区每年高速公路建设里程的记录不断被刷新，也成为了衡量地方政府工作业绩的一个重要指标。不可否认，高速公路在其建设和使用过程中，可以同时拉动公路沿线和省内外相关产业的持续高速发展，带动地方经济的腾飞，其经济效益和社会效益在国民经济发展中起了很大的推进作用；而同样不可否认的是：高速公路建设在给经济发展和居民生活带来改善的同时，也在一定程度上破坏了沿线的自然生态环境，对于声环境、水环境、空气环境、社会环境和生态环境的负面影响问题也越来越突出。因此，在当前国际、国内各领域思想认识逐步提高、愈加注重生态环境问题、强调人与自然和谐统一的大形势下，如何面对高速公路建设产生的环境问题，如何按照我国现阶段实际情况，分析高速公路建设各阶段对环境的作用和影响，采取何种措施减少或杜绝高速公路环境污染，恢复路域生态损失，这是摆在我们广大建设者面前一项长期而艰巨的任务。

一、问题的提出

笔者自1993年参与杭甬高速公路建设开始，至今依然奋战在五盂高速公路施工现场，亲眼目睹了高速公路建设给地方经济带来的翻天覆地的变化，也亲身体会了建设过程中周边环境发生的一系列问题，喜忧参半，仅就环境影响而言，有几件事情一直萦绕心头，不能释怀。例举如下：

（1）杭甬高速公路某段路基施工过程中，由于路基填筑速度过快，软基础处理还没有能够及时发挥作用，造成3km长的填方路基大规模开裂，两侧稻田大面积隆起，灌溉系统破坏严重。

（2）某高速公路沿线共设计29座弃土场，但其中15座弃土场位置坐标不能够和设计文件相匹配，在设计图纸给出的位置不具备设置弃土场的条件，让建设单位、施工单位、地方政府、国土部门叫苦不迭，无从下手。

（3）五盂高速公路某隧道，设计围岩为II级花岗片麻岩，地下水为滴渗水。实际施工过程中于2012年6月21日开挖爆破后发生大规模涌水，48小时后附近3口水井枯竭，3处泉眼和一条小河断流，几百亩良田无法灌溉，2400多人饮用水出现困难。

（4）某高速LJ6标段路基挖方共涉及8座山头，实际上均坐落于古滑坡上，由于勘察工作的不准确，设计单位也没有发现，导致在施工过程中山体开挖后古滑坡复活发生滑移，先后补充征地200多亩、补迁管线3条，增加挖除、弃土400多万 m^3，两个行政村落居民紧急搬迁。

上述事件都在一定程度上给当地自然环境、人文环境造成巨大的当前和后续影响，给当地居民带来一系列困难和危险，应对突发事件所产生的经济损失也相当惊人。有感于此，作者开始关注高速公路建设与环境保护如何有机结合、协调统一的问题。结合科学发展观、生态文明建设和转变经济发展方式等党的指导性文件的理论学习，就此谈一点个人体会。

二、高速公路环境保护

（一）环境与环境保护的定义

环境是指人类和生物生存的空间。《中华人民共和国环境保护法》对环境的定义是：环境是指影响人类生存和发展的各种天然的和经过人工改造的自然因素的总体，包括大气、水、土地、矿藏、森林、草原、野生动物、野生植物、水生生物、名胜古迹、风景游览区、温泉、疗养区、自然保护区、生活居住区等。按照环境的自然和社会属性分类，环境包括自然环境和社会环境。

环境保护（简称环保）是指人类为解决现实的或潜在的环境问题，协调人类与环境的关系，保障经济社会的持续发展而采取的各种行动的总称。指人类有意识地保护自然资源并使其得到合理的利用，防止自然环境受到污染和破坏，对受到污染和破坏的环境必须做好综合治理，以创造出适合于人类生活、工作的环境。1989年5月，联合国环境署第15届理事会通过了《关于可持续发展的声明》，明确提出了可持续发展与环境保护的关系，认为要实现可持续发展就必须维护和改善人类赖以生存和发展的自然环境。

（二）高速公路环境保护的内容

高速公路环境保护是基于生态可持续发展原则，调节与控制"公路工程与路域环境"对立统一关系的发生与发展。高速公路环境保护由两项基本工作组成：一是分析因修建公路而对环境产生的各种影响及其影响的程度和范围，根据需要采取专门的环境保护措施，积极开展环境保护的有关工作；二是在高速公路的设计、施工及运营管理过程中，注意凸显高速公路各组成部分的环保功能，使高速公路在运输功能发挥的同时，对沿线环境的负影响最小。

（三）高速公路的环境问题

环境问题是指环境中出现的不利于人类生存和发展的各种现象。目前，我国高速公路建设方兴未艾，连接国内全部特大城市和93%的大城市的高速公路网络已初步形成，由12条高等级公路组成的"五纵七横"国道主干线基本建成，国家高速公路网（简称"7918网"）也在快速的建设中，建成后高速公路总规模将达到8.5万km。高速公路已成为一支影响环境不容忽视的重要力量，尤其是高速公路建设，其施工、运营期造成的环境问题会更严重，究其根源，实际上是勘察设计和总体规划（包括投资规划）阶段埋下的隐患。

高速公路建设将肯定会造成如下环境问题：

（1）选线不当会破坏沿线生态环境；

（2）防护不当会造成水土流失；

（3）高速公路带状延伸会破坏路域自然风貌，造成环境损失；

（4）高速公路施工造成环境污染；

（5）高速公路通车运营期间，车辆对沿线造成污染。

（四）高速公路环保功能

一般情况下，一条公路如果严格按照现行公路工程设计标准及《公路环境保护设计规范》进行设计，按公路工程施工技术规范进行施工，是可以起到对路域自然环境的保护作用的，并能够对社会环境进行调整和完善。高速公路各组成部分的环保功能归纳如下：

（1）路基工程在施工及竣工后，结合造地还田与疏导排水，各部分相互协调配套，可使工程稳定坚固，外观顺适优美，能起到防止水土流失的作用。

（2）路面工程对路基起保护作用，同时也起着防尘、防水，保护公路沿线环境不被污染的作用。

（3）桥梁涵洞工程设计与施工中重视对公路路域景观环境的影响，可起到美化环境的作用。

（4）排水工程对公路工程的整体性和稳固性有特殊的作用，可以防止路基路面水及水中含有的油污、有害元素直接进入农田，避免耕地淹没、土壤污染。

（5）防护工程确保了路基稳定，减少了水土流失，直接起到了环境保护作用。该工程与环保的关系最为密切。

（6）其他工程（通常包括公路与公路、公路与铁路的平面交叉和立体交叉、公路工程的沿线设施、公路养护管理用房屋及场、厂建筑物以及公路绿化等），特别是公路绿化，是国土绿化的重要组成部分，不仅可以有效地改善行车环境，还可以起到美化路容，优化环境的作用。

三、高速公路建设对环境的主要影响

（一）对社会环境的影响

高速公路穿越不同的省、市、县，路线对现有的行政区划、城镇布局、农田用地及其排水灌溉系统、林场及水产养殖区等造成分割，从而影响线路两侧的人际交往和信息传递，原材料开采、利用，农田生产和居民生活，还有可能占用灌溉或养殖业的水域，影响农副业生产和自然环境。

（二）对生态环境的影响

高速公路建设是一项改造自然的活动，在这项活动中，土地的分割、植被的破坏、噪声的影响等无不破坏生态环境，产生了一些负面影响，恶化了人类的生存空间。高速公路建设对生态环境的影响是多方面的，它会使沿线耕地减少、植被覆盖率降低、侵蚀土壤、破坏土壤结构和肥力，同时又影响到森林、人工林系统、草原及野生动植物等的生态系统。高速公路建设对生态环境的影响主要表现在以下几个方面：

1. 对生物及其栖息地的影响

公路建设会使沿线一些有特殊要求的生物群向偏远地区迁移，使其活动区域缩小，领地被重新划分，造成种群变小，种群间交流减少。如野兔和一些鸟类至少要远离公路500m以上才能正常生活；两栖动物难以越过宽阔的高速公路；夜间车辆的灯光使得许多喜欢光的昆虫在道路两侧的种群和数量明显增多，从而影响生态平衡。

2. 水土流失的影响

高速公路建设扰动原土面积大，建设过程会改变原山地丘陵地表植被的固有态势，从而形成大量裸露的土石体，在水力侵蚀、风力侵蚀、重力侵蚀及混合侵蚀的作用下，极容易形成水土流失，对生态环境造成持续影响。

3. 汽车排放物中含铅化合物对农业土壤和农作物的影响

目前车辆使用的汽油中多有含铅化合物，高速公路运营中每天数万辆机动车排放了大量含铅尾气，有相当数量沉积在公路两侧的农田中，随着时间的推移，这种积累将会逐渐地增加，严重时将会影响农作物的生长和农产品的质量，进而影响食用者的健康。

4. 水环境的影响

高速公路建设施工过程中，水文扰动会造成地表水和地下水水流方向和数量的变化，进而影响路边甚至远离公路的动植物；同时，各种化学制剂的使用会增加水体中污染物的成分和数量。前文所述隧道涌水，目前抽水量已达1000多万 m^3，而且在隧道建成后仍将沿中心排水沟持续不断向下游涌流，优质地下水是地球发展过程中若干亿年形成的，属于不可恢复、不可再生资源。高速公路建设改变了地下水的赋存和渗流条件，势必造成上游地区植被因需水量供应不足而缩减生存空间、覆盖面积减小，进而引发新一轮的水土流失，还有农业减产、居民生存条件趋向恶化等一系列后果，也是对子孙后代的极端不负责任。

5.引发地质灾害

在高速公路施工中，路基土石方开挖和填筑对地表干扰较大，改变了原有的地貌，包括隧道进出口和边仰坡开挖，都对局部山体的稳定很不利，可能会引发塌方、滑坡、软土层滑移等不良地质灾害，威胁周边设施及人民群众生命、财产安全；由于桥梁的修建减少了河床的过水断面，造成桥前局部壅水，水流速度减慢，泥砂下沉淤积，阻塞河道，从而容易引发洪涝灾害。

（三）对环境空气的影响

高速公路施工过程中对空气的影响包括了扬尘污染和沥青烟雾：路基土石方的开挖、运输、填筑和筑路材料的生产、装卸、堆放、运输、拌合过程中都会产生大量的粉尘，这些粉尘散布在周围的大气中、附着在植物叶片上；沥青的熬炼、搅拌和摊铺的过程中产生沥青烟雾，烟雾中含有苯类、苯并芘等有毒有害物质，有损于操作人员和周围居民的健康。

高速公路运营过程中的污染源主要是汽车尾气，对公路两侧的农作物和土壤造成一定的破坏：农作物结实率下降、产量降低；农作物根、茎、叶、果实中有害物质含量显著增加。空气中大量的悬浮颗粒造成空气质量下降，影响人们身体健康，有资料表明，高速公路沿线居民较远离公路的居民更容易患上呼吸道疾病。总而言之，高速公路建设产生的大气污染对人类及动、植物生存状态产生极其恶劣的影响。

（四）对环境噪声的影响

高速公路施工期间各种施工机械如空压机、装载机、搅拌机、振捣棒、钢筋加工机械等等和爆破作业产生的噪声，破坏了原有的生态环境，使一贯生活在宁静环境中的动物因噪声干扰而烦躁不安，扰乱了动物的生活习惯，将可能导致动物因生存条件变化而迁移，甚至影响其繁衍生息。

高速公路运营期间，车辆的噪声对于环境的影响仅次于其排放的尾气，车辆高速行驶时车轮与地面强烈摩擦的声音，加上路堤的提高，能够传播到很远的地方，有资料显示，高速公路两侧的噪声污染带内动物的习性、年龄比、性别比都在发生变化，繁殖率下降，附近居民也变得更加不安和烦躁。

四、高速公路建设环境保护的措施

高速公路建设的不同阶段，环境问题的产生与环保工作的重点不同，所采取的措施必须具有针对性。

（一）可行性研究及初步设计阶段

要进行项目环境影响评价，为进行环境保护设计和采取环保措施提供依据。环境影响评价是环境保护的一项重要工作，它是保证在决策和开发建设活动中实施可持续发展的一种有效手段和方法。通过对公路建设项目环境影响的评价指标体系和评价方法，优化整体设计，选择有效的工程技术手段，从技术上建立起高速公路建设的支撑系统。从项目筹建就要建立完善的环境管理组织机构，制定环境管理文件，形成环境管理、环境监理、环境监测三位一体的环境保护实施管理系统。

（二）初步设计及施工图设计阶段

要进行环境保护设计，采取先进的设计理论和技术方法优化设计方案，贯彻"地质选线、标准选线、地形选线、运营安全选线和政治选线（执行最严格的耕地保护制度）"的理念，牢固树立宁可多修桥、多修隧道、多花些投资，也要保护好青山绿水的环保思想，不要留下环境欠账。

（三）招投标阶段

要在合同书中纳入环境保护条款，明确规定高速公路施工环保与水保、安全生产、质量、进度的相关条款，制订环境保护的施工风险抵押金制度，建立专项风险奖励基金，激励施工单位做好环境保护工作的积极性，提高各项环境保护措施的落实程度。

（四）施工阶段

关于高速公路施工阶段环保措施，因为其实施性与现实性，和环境保护关系最为密切，下面做重点论述：

1.指导思想

原始的就是最美的，不破坏就是最大的保护；施工中尽最大努力减少破坏，施工后最大限度进行恢复。

2.生态环保

（1）在土方开挖、回填时避开雨季，雨季来临前将开挖回填、弃方的边坡处理完毕。

（2）施工取土时采取平行作业，边开挖、边平整、边绿化，计划取土，及时还耕，及时进行景观再造。

（3）在雨水充沛地区，及时设置排水沟及截水沟，避免边坡崩塌、滑坡产生。

（4）在雨水地面径流处开挖路基时，及时设置临时土沉淀池拦截混砂，待路基建成后，及时将土沉淀池推平，进行绿化或还耕。

（5）对路堤边坡及时进行植草绿化。

（6）对施工临时用地，先将原表层熟土集中堆放，待施工完毕后，再将这些熟土推平，恢复原地表层。

3.噪声防治

（1）当施工路段距住宅区距离小于150m时，为保证居民夜间休息，应在规定时间内禁止施工。

（2）主动与施工路段附近的学校和单位协商，对施工时间进行调整或采取其他措施，尽量减小施工噪声对教学和工作的干扰。

（3）平时注意机械保养，使机械保持最低声级水平；安排工人轮流进行机械操作，减少接触高噪声的时间；对在声源附近工作时间较长的工人，发放防声耳塞、头盔等，对工人进行自身保护。

4.水污染防治

（1）沥青、油料、化学物品等不堆放在民用水井及河流湖泊附近，并采取有效措施，防止雨水冲刷进入水体。

（2）施工驻地的生活污水、生活垃圾、粪便等集中处理，不直接排入水体。

（3）对桥梁施工机械、船只严格进行检查，防止油料泄漏。严禁将废油、施工垃圾等随意抛入水体。

5.大气污染防护

（1）公路施工堆料场、拌和站设在空旷地区，相距200m范围内，不应有集中的居民区、学校等。

（2）沥青路面施工，沥青混凝土拌和厂设在居民区、学校等环境敏感点以外的下风向处，既方便生产，又须符合卫生要求（卫生防护距离分级中，规定的防护距离为300m），不采用开敞式、半封闭式沥青加热工艺。

（3）施工便道定时洒水降尘，运输粉状材料要加以遮盖。

（五）竣工和交付使用阶段

要进行环境保护设施验收、环境后评价。

（六）运营期

要进行环保设施维护及处理环境问题投诉。分述如下：

1.交通噪声防治

对高速公路附近的学校、工厂和其他单位，根据具体情况采取噪声防治措施，如修建高围墙、设置声屏障、临路两侧密集植树绿化、建筑物设置双层窗或封闭外走廊等。

2. 大气污染防治

（1）路边植树绿化。根据当地气候和土壤特点，在靠近公路两侧，特别是环境敏感区附近密植乔木、灌木，这样既可净化吸收车辆尾气中的污染物，衰减大气中的总悬浮微粒，又可起到美化环境、降低噪声以及改善公路路域景观的作用。

（2）严格执行车辆排放检验制度，利用收费站对汽车排放状况进行抽查，限制尾气排放严重超标的车辆上路。

3. 水污染防治

（1）严禁各种泄漏、散装、超载车辆上路，防止公路散失物造成水体污染。

（2）在公路交通管理部门的生活区设置污水处理站，各种污水经处理达标后方可排放。

4. 潜在风险及农作物污染防治

（1）对运载危险品的车辆严格进行检查、严格监控，防止事故发生。

（2）在洪涝季节，要加强与气象水利部门联系，确保洪水期行车安全。

（3）在高速公路两侧50m范围内严禁种植蔬菜、马铃薯等根茎入口农作物。

我国目前的高速公路环保则多侧重于声屏障等摸得着、见得到的环境保护工程，对自然环境的保护只能尽力以保护区和珍稀动植物品种为主，对人与自然的和谐统一重视程度严重不足。我们应清醒地认识到，提高高速公路环保水平，不仅需要有充足的经费，更需要领导者、决策者、建设者有先进的环保思想、环保行为。

五、结束语

党的十八大报告指出："必须树立尊重自然、顺应自然、保护自然的生态文明理念。"思想是行动的先导，观念决定成败。建设生态文明必须确立人与自然和谐相处的理念，树立人和自然平等的生态文明意识，尽快建立生态意识教育和宣传两大体系，加强引导，全面提高生态意识，在全社会牢固树立生态文明观念。建设生态文明，必须建立系统完整的生态文明制度体系，用制度保护生态环境。要健全自然资源资产产权制度和用途管制制度，划定生态保护红线，实行资源有偿使用制度和生态补偿制度，改革生态环境保护管理体制。

高速公路建设中的环境保护问题作为当前生态文明建设体系中重要的组成部分，必须要在党中央总体规划、统一布置指导下，通过加强引导，培育生态文明理念和意识；强化措施，落实生态文明建设战略部署；完善制度，构建生态文明建设保障机制等手段，凝心聚力，全面提升国民素质，开辟环境保护新道路，从源头上扭转生态环境恶化趋势，为人民创造良好生产、生活环境，为全球生态安全作出应有的贡献，长久造福子孙后代，探索出一条可持续发展的道路，响应国家的号召，更加自觉地珍爱自然，更加积极地保护生态，努力走向社会主义生态文明新时代。⑤

参考文献：

[1] 胡锦涛. 坚定不移沿着中国特色社会主义道路前进为全面建成小康社会而奋斗——在中国共产党第十八次全国代表大会上的报告. 北京：人民出版社，2012.

[2] 中国共产党第十八届中央委员会第三次全体会议公报、科学发展观. 北京：人民出版社，党建读物出版社，2012.

[3] 李宏伟. 中国特色社会主义生态文明建设.

[4] 沈佩瑜. 公路建设对生态系统的影响、西部探矿工程，2007.

[5] 张冬颖，杨常春. 浅谈高速公路建设与生态环境保护. 工程技术，2010.

[6] 孙健，刘建明. 浅谈高速公路建设的环保问题、林业科技情报，2010.

[7] 李红军，王金娟，丁文霞. 浅谈山区高速公路建设中的环境保护. 市政技术，2012.

绿色建筑：做生态文明建设的有力支撑

潘佩瑶

（贵州中建建筑科研设计院有限公司，贵阳 550006）

一、引言

作为一个长期从事建筑科研的单位，如何理清科技与生态文明建设的关系、实现人类生活与自然生态的可持续性发展显得至关重要。本文从生态文明建设的角度，就大力发展绿色建筑、建筑节能进行简要阐述。

二、绿色建筑的基本概念

绿色建筑的概念最早是在 1992 年联合国环境发展会议上提出的。2004 年 8 月 27 日，在我国出台的与绿色建筑相关的行政法规中对绿色建筑下了一个明确的定义，即绿色建筑是指为人们提供健康、舒适、安全的居住、工作和活动的空间，同时实现高效率地利用资源（节能、节地、节水、节材），最低限度地影响环境的建筑物。

实际上，绿色建筑又称为生态建筑、可持续发展建筑，是指在建筑的全寿命周期内，最大限度地节约资源、保护环境和减少污染，为人们提供健康、适用和高效的使用空间，与自然和谐共生的建筑。它是实现"人—建筑—自然"三者和谐统一的重要途径，也是我国实施可持续发展战略、构成生态文明的重要组成部分。

三、绿色建筑与生态文明

《环境管理学》里对于生态环境的定义为：生态环境指影响人类生存与发展的水资源、土地资源、生物资源以及气候资源数量与质量的总称，是关系到社会和经济持续发展的复合生态系统。生态文明，是人类遵循人与自然和谐发展规律，推进社会、经济和文化发展所取得的物质与精神成果的总和；是指以人与自然、人与人和谐共生、全面发展、持续繁荣为基本宗旨的文化伦理形态。建筑作为人类重要的居住、生活、生产场所，作为城市的主要载体，既为城乡居民提供生活、工作基本场所，也是能源与温室气体排放的重点领域。深入推进建筑节能，不失时机地发展绿色建筑，是解决城市能源消耗、环境污染、生态破坏的重要措施，关系全社会节能减排目标的实现，关系城乡建设模式的转型升级，关系广大人民群众的切身利益，这需要加快完善政策体系，强化激励与约束，促进绿色低碳建筑健康发展。因此，倡导绿色建筑，对落实可持续发展战略、促进生态文明的建设具有十分重要的意义。

1992 年联合国环境和发展大会"里约热内卢宣言"提出的"可持续发展"，"在城市发展和建设过程中，必须优先考虑生态环境问题，并将其置于与经济和社会同等重要的地位上；同时，还要进一步高瞻远瞩，通盘考虑有限资源的合理利用问题"，这是（Sustainable Development）思想的基本内涵，即要改变以牺牲环境为代价的、掠夺性的，甚至是破坏性的发展模式，从传统资源型发展模式走上良性循环的生态型发展模式，促使经济、社会、环境三者协调发展。而建筑是以上三者的综合体，可想而知，这种新的发展观必然导致产生新的建筑观——可持续发展建筑观，即保护生态、创造可持续发展的人类生存环境，绿色节能型建筑的研究及实践正是为实现这样的目标而提出的。

四、我国发展绿色建筑对生态文明建设的重要性

推进发展绿色建筑，把节能环保和绿色低碳理念体现到城市规划、工业生产、建筑施工与生活消费等各个领域，将有效提高生态文明水平。据统计，在世界范围内，建筑能耗占总利用能源的45%，与建筑有关的空气污染、光污染、电磁污染等占环境总体污染的34%，建筑垃圾占人类活动产生垃圾总量的40%。目前我国城镇化建设正处于高速期，平均每年有1500万农民进入城市，而每个城市人口的能耗是乡村的3.5倍。我国人均GDP消费进入结构升级阶段，人民生活条件进一步改善，人均能耗迅速增加，特别是建筑能耗与交通能耗会快速增长。同时因能耗增加带来的环境污染问题也会日益突出，无疑成为城市发展的制约。

当前促进我国经济结构战略性调整，迫切需要打造大的政策平台，找准突破口。房地产产业链条长，对下游产业的带动作用大，如建筑用钢占全社会钢材消费的50%，建筑用水泥占全社会水泥消费的60%等。绿色建筑集成了节能、节地、节水，数字化及智能化等新技术、新产品，是建筑业转型升级的重要方向。在欧洲国家低碳社区、零能耗建筑发展方兴未艾，美国也将绿色建筑作为新一轮科技创新的主要方向。在我国大力推动发展绿色建筑，将有效带动新型建材、新能源、节能服务等产业发展，推动我国建筑行业集约内涵式增长，大力发展绿色建筑是促进实现城乡建设模式转型升级的必然要求。

五、我国绿色建筑发展现状

我国绿色建筑从建筑节能起步，以1986年颁布的《北方地区居住建筑节能标准》为标志，已初步建立以节能50%为目标的建筑节能设计标准体系；形成了以《民用建筑节能管理规定》为主题的法规体系；通过建筑节能试点示范工程，有效带动建筑节能工作的发展；通过国际合作项目，引进了国外先进的技术和管理经验。

与此同时，伴随着可持续发展思想受到国际社会的认同，绿色建筑理念在中国也逐渐受到了重视，开展了绿色建筑关键技术研究，设立了"全国绿色建筑创新奖"，在办公建筑、高等院校图书馆，城市住宅小区、农村住宅等建筑类型进行了绿色建筑的实践活动。

六、绿色建筑支撑生态文明的探讨

党的"十八大"在大力推进生态文明建设中提出，大力推进生态文明建设要优化国土空间开发格局、全面促进资源节约、加大自然生态系统和环境保护力度和加强生态文明制度建设。党的十八届三中全会首次将健全自然资源资产产权制度和用途管制制度、改革生态环境保护管理体制等写入党的文件，比"十八大"更进一步地从改革的角度推进生态文明制度建设。

（一）优化空间利用，节约国土资源

党的"十八大"报告中将优化国土空间开发格局放在生态文明建设的首位，既说明其在生态文明建设中的重要性，也意味着空间布局合理有利于节约资源和环境保护。中国宏观经济学会的一项研究显示，2000年我国物流成本占GDP的18%，比日本相同GDP时的8%高出很多。物流成本居高不下既与我国经济地理条件有关，也是空间布局不甚合理的结果。我国自然资源的空间分布不均，资源富集区远离经济发展中心，自然会增加交通运输成本。同时，城市规划和建设在空间布局上的不合理，也将增加"生态足迹"。比如，西北干旱地区的城市居民要想过上与东南沿海地区城市居民同样的生活，就要增加水资源、供暖等资源消耗。不同经济地理条件下的居民"生态足迹"不同，

城市布局应使城市生态足迹最小化。

我国国土幅员辽阔，哪些地方可以建城，哪些地方应该保护，全国主体功能区划已有原则安排，但具体到建城位置、城市规模，并无详细规定。胡焕庸先生早在1935年就以"瑷珲—腾冲"一线（也称为"胡焕庸线"）划分出我国两个人口密度分布区。时至今日，这一分布格局并没有多大变化。值得庆幸的是，我们对城市化的认识在逐步深化，从小城镇大战略到控制大城市、发展中小城市，再到城市带、城市群，理想非常美好。

应该说，生态文明建设的重点在城镇，要因地制宜，发挥比较优势。推动城乡建设由规划变得快、功能分区乱、形象工程多、使用寿命短，向规划适度超前、功能分区合理、设施配套齐全、建筑物经久耐用转变，建设形成与国土资源分布、发展潜力相适应的人口布局，形成符合节约优先、保护优先、自然恢复为主等要求的城镇规模、产业特色、建筑风格，实现协调平衡发展。

（二）优化降低建筑成本，节约能源

绿色建筑是本着节约能源、提高资源利用率的原则，为人类提供安全、高效的环境，并且使人与环境以及建筑相互适应、相互融合的新型建筑。我们应该将节能减排贯穿在绿色建筑的始终，我们要不断更新技术、采用合理的管理手段来监督建筑的全周期内的节能减排效率。

1. 提高碳基能源使用率、降低使用量

建筑生产过程中会产生许多温室气体，因为每一道工序都会有能源的消耗，而要想减少二氧化碳的排放，就必须减少使用碳基类能源。为此我们可以采取如下措施：①对产业结构进行优化调整，引进使用低碳建材，并且坚决不再使用落后产能。充分利用建材业窑炉来处理工业固体废弃物以及城市垃圾，全面推动产业优化升级。②开发可循环利用的新能源，如太阳能、风能、地热能、潮汐能以及这些能源的衍生物等。

因为这些能源大部分是由太阳、地球内部的热能转化而来，他们不但具有污染少的特点而且其储量相对而言较大，这无疑是缓解了石化能源的缺乏。"十二五"大力提倡在建筑中使用天然气、地源以及空气能热泵等新能源，但是目前我国的绿色建筑才刚起步，经验还不足，没有一套全面的评估体系，所以我们当务之急就是要建立一套全面的评估体系，提高评估标准，来规范绿色建筑的实施。只有这样，我们才能彻底实现高效率并且低产量的碳基能源使用，为我国节能减排奠定雄厚的基础。

2. 循环利用旧建材

随着目前城市化进程的加剧，建筑拆迁日渐增多，因此造成大量旧建材的废弃。针对这一问题我们应该转变传统观念，不能简单地对旧建材进行填埋，而应该对其回收利用。我们可以对旧建材进行筛选分类，对没办法回收再利用的进行粉碎用于建设道路的材料，而对于其他可以再回收的可以用来加工砖以及混凝土。这样不但可以减少上游投入的资源还可以解决下游的建筑垃圾，充分实现资源的减量化与废物资源化，实现节能减排的目标。当然对于一些已经发生化学、物理损耗的旧建材，我们不能无限制的对其回收利用。因为这些建材的性能已经不能够满足当前的使用标准，继续对它们使用只会给建筑带来安全隐患。目前国内针对循环利用拆迁旧建材的问题，并没有一套完整的法律体系，致使市场上出现旧建材的随意使用、无秩序流通等问题。所以，我们政府应该加强对这方面的监管，制定相应的政策措施进行引导、规范市场，实现旧建材的有序回收，建立高效安全的流通渠道。加强行业监督管理。具体可以做到明确制定行业标准来规范对废旧建材进行循环利用。鼓励兴办回购旧建材的公司，对有条件兴办的企业给与一定的税收优惠，以及及时进行价格引导等，在加工处理旧建材，实现可再生利用的同时，应当完善相关部门的监管

职能，坚决避免违法使用废旧建材事件的发生。

3. 改造住宅与公共建筑模式

目前为了提高资源生产效率、降低其消耗量，我们应该大力推行产业化住宅与节能化公共建筑的模式。产业化住宅的建造以工厂化生产代替了传统人工现场作业，在场外完成混凝土构件，在工厂制造组合，然后到工地现场组装，这不但提高了对设备以及机械的利用率，还能够节省原料，并保证产品性能及质量的稳定性，为住宅的节能减排奠定基础。此外，这种施工方式避免了在施工现场产生污水、垃圾、噪声、以及有害气体、粉尘等，充分地体现出绿色建筑的理念。对于像办公、旅游、通信、运输等公共建筑，一般耗能量是住宅的十几倍，因此降低公共建筑能耗量是我们迫切的任务。为此，我们要建立一套完整的节能监管体系来规范公共建筑的能耗量，我们要引导公共建筑的全过程进行低碳管理，并制定相应的能耗检测平台。同时建立公开奖惩机制，公示能效测评结果，让整个社会来监督。

4. 加强监督节能减排标准的实施

在节能减排的实施过程中，我们忽略任何一个环节不都能够实现节能减排的目标，所以在建筑的全周期内，我们必须加强监管节能减排标准的实施，并对重点环节以及薄弱领域给与足够的重视。充分发挥有关部门的综合协调、信息反馈功能，实现它们在监管标准实施过程中应尽的职责，加强监督建设中各方活动主体是否有效地使用标准、是否全面地实施标准、是否准确地执行标准，严格审查施工的每一环节，对不执行以及违反标准的行为进行严肃处理，只有这样才能将节能环保技术贯穿于工程建设的全过程中，才能实现节能减排的理念。

（三）绿色建筑秉承绿色生活，优化室内外环境

绿色建筑考虑到当地气候、建筑形态、使用功能、设施状况、营建过程、建筑材料、使用时对外部环境的影响，以及舒适、健康的内部环境，同时考虑投资人、用户、设计、安装、运行、维修人员的利害关系。换言之可持久的设计、良好的环境及受益的用户三者之间应该有平衡的、良性的互动关系，而达到最优化的效果。绿色建筑正是以这一观点为出发点平衡及协调内外环境及用户之间不同的需求与不同的能源依赖程度，而达成建筑与环境的自然融和。

1. 绿色建筑的室内环境

绿色建筑之所以强调室内环境，因为空调界的主流思想是想在内外部环境之间争取一个平衡的关系，而对内部环境，即对健康、舒适及建筑用户的生产效率，表现出不同的需求。

2. 建筑与室外环境的协调

绿色建筑创造的居住环境，既包括人工环境，也包括自然环境。在进行绿色环境规划时，不仅重视创造景观，同时重视环境融和生态做到整体绿化。即以整体的观点考虑持续化、自然化。可持续的应用，除了建筑本身外还包括所需的周围自然环境，生活用水的有效（生态）利用，废水处理及还原，所在地的气候条件。

（1）绿色环境的地域主义

绿色建筑要考虑如何与所在地的气候特征、经济条件、文化传统观念互相配合，从而成为周围社区不可分离的整体部分。绿色建筑作为一个次级系统依存于一定的地域范围内的自然环境，与绿色房地产都不能脱离生物环境的地域性而独立存在。绿色建筑的实现与每一个地域的独特气候条件、自然资源、现存人类建筑、社会水平及文化环境有关。

（2）自然通风

自然通风即利用自然能源或者不依靠传统空调设备系统而仍然能维持适宜的室内环境的方式。自然通风最容易满足建筑"绿化"的要求，它一般都不用外来不可再生资源，而且常常能节省可观的全年空调负荷而达到节能以及"绿化"的目的，但要充分利用自然（下转第75页）

南京国民政府时期建造活动管理初窥（四）

卢有杰

（清华大学建设管理系，北京　100089)

承办设计和监工两项者，可加倍收取。

南京市 1933 年 10 月份开始办理技师和技副登记，到 1934 年共有登记 68 名技师，20 名技副。[177] 1947 年及 1748 年建筑师申请开业登记的数据见表 24、表 25。

（3）北平市

北平特别市政府于 1929 年 3 月 21 日公布《北平特别市建筑工程师执业取缔规则》[164]，以便"取缔市内不良建筑以图安全。"将建筑师或土木工程师统称建筑工程师，建筑工程师分甲、乙、丙三等，甲等最高，要求不同。

不属于中华民国国籍的建筑工程师欲在北

南京市 1947 年 10~12 月建筑师申请开业登记的数字（单位：人）[178]　　　　表 24

月份	登记数						本月底前本年累计数					
	申请数			核准数			申请数			核准数		
	共计	建筑师甲	建筑师乙	共计	建筑师甲	建筑师乙	共计	建筑师甲	建筑师乙	共计	建筑师甲	建筑师乙
10 月	8	8	–	23	12	1	70	65	5	65	60	5
11 月	14	14	–	12	12	–	84	79	5	77	72	5
12 月	7	6	1	10	9	1	91	85	6	87	81	6
合计	29	28	1	35	33	2	–	–	–	–	–	–

资料来源：根据南京市工务局造送之资料编制。

说明：建筑师甲即技正，建筑师乙即技副。

南京市 1948 年 1~6 月建筑师申请开业登记（单位：人）[179][180]　　　　表 25

月份	登记数						本月底前本年累计数					
	申请数			核准数			申请数			核准数		
	共计	建筑师甲	建筑师乙	共计	建筑师甲	建筑师乙	共计	建筑师甲	建筑师乙	共计	建筑师甲	建筑师乙
1 月	7	6	1	6	5	1	167	153	14	153	138	15
2 月	4	4	–	5	5	–	171	157	14	158	143	15
3 月	3	3	–	3	3	–	174	160	14	161	146	15
4 月	9	9	–	7	7	–	183	169	14	168	153	15
5 月	5	4	1	5	4	1	188	173	15	173	157	16
6 月	3	3	–	5	5	–	191	176	15	178	162	16
合计	17	16	1	17	16	1	–	–	–	–	–	–

资料来源：根据南京市工务局造送之资料编制。

平市执行业务者得赴工务局呈请注册，并应送愿书声明遵守北平市关于建筑的一切规则及法令。

经工务局审查合格的建筑工程师应按等缴纳注册执照费。

丙等建筑工程师承揽设计公共场所及楼房工程，其图样及所定工料规范非经甲等或乙等建筑工程师审查签名呈报建筑人不得向工务局请领建筑执照。

建筑工程师办理各项事务得向委托人酌收相当之报酬，最高金额除特别情形外不得超过下列规定数目：①设计草图兼估算：工程费千分之五；②设计正图及大样兼估算：工程费千分之三十；③估算：工程费千分之五；④监工：工程费千分之三十；⑤审定：建筑物时价千分之五。

建筑工程师负责监修之工程完工后，应举报诸如因厂商剋减工料或擅改工料规范，以致发生危险或伤及人命时除由法庭依法办理外，得将建筑工程师之执照撤销或处以相当罚金。

建筑工程师不遵守工务局关于建筑一切规则得注销其执照。

凡建筑工程师也已遵照本规则注册领取执照者，除特别情形外，如欲在本特别市区域内承揽土木建筑工程设立事务所或营业公司者仍须遵照厂商承揽工程取缔规则办理。[164]

1946 年，到北平市工务局登记注册的技师共 105 人，技师和技副分别为 91 和 14 人。[181]

（4）广东省

1928 年 12 月 15 日广东省政府公布《工业专门技师登记规程》[157]。凡是大学工科、工科大学或高等工业学校毕业者；旧制甲等工业学校或新制高级中学工业科毕业，并曾任工业专门技术职务五年以上，具有相当学力者；曾任工业专门技术职务十年以上，具有相当学力者均可申请，经建设厅厅长批准后成为工业专门技师。

工业专门技师以其学科或业务所属科目冠于"技师"之前，如专任建筑者，称建筑技师等。

外国专门技术人员，除政府特聘，经政府允许者，都要按该规程申请登记。

申请登记者，要按该规程要求提交申请书，得到批准者，缴纳十元登记手续费，由建设厅长发给登记证，造册备案，在建设厅公报上公布。

当政府或个人需要专门技师时，写信给建设厅，由其推荐。技师在职务上有不当或不法行为时，厅长可撤销登记证，余罪由法院处理。[157]

3.《建筑师管理规则》

1944 年 12 月 27 日内政部公布《建筑师管理规则》[21]，建筑师受各公务机关或当事人委托办理建筑物的设计、检查、估算、鉴定和监造各项事务。

建筑师以曾经经济部登记并领有证书的建筑科或土木工程科技师或技副为限。建筑师单独或合伙执行业务的处所一律称建筑师事务所。

建筑师的主管机关，中央为内政部，省为建设厅，市为工务局，未设工务局者为市政府，县为县政府。

建筑师开业必须领取开业证书，分甲、乙两等。到开业以外地方执行业务时，应向所在地主管机关申请。执行业务时应记录委托人及其委托情况，定期呈报当地主管机关转内政部备案。设计草图应使委托人满意，正式图样应使营造厂家能够准确估价。建筑师可以代业主申请建筑执照、招标、拟定契约，以及其他工程上接洽、监督事项。公务机关委托建筑师办理建筑物的设计、检查、估算、鉴定或监造各项事务时，若无正当理由，不得拒绝。

建筑师不得兼任公务员，不得兼营建筑材料或营造厂，不得任营造厂技师或担保人，不得利用其地位，参与不正当竞争。[21]

五、工程采购与交付

民国南京政府期间，各种公私建筑物和其他设施的规划、设计和施工可分为自营和招商承揽（外包）两种，外包即请独立开业的建筑师、工程师、营造厂和其他建筑公司承担并完成。《建筑法》[149] 将"政府机关或自治团体之建筑"定义为"公有建筑"。

各地、各时期政府颁布的规则、章程等，以及合同文件中，参加建造活动的各个角色的名称不同。

需要指出的是，各级政府以三种角色参与建造活动，即管理者、雇主和仲裁人。查工员是具体扮演管理者的官员或公务员，而监工员则是具体扮演雇主时代表雇主的官员或公务员。查工员和监工员这两种角色的职责与权限不同，务必不要混淆。对于正确认识这一时期政府管理建造活动的各种机构和规章，这一点非常重要。

表 26 是这些名称的比较，最右栏中的"政府"指"管理者"。

（一）对政府工程采购的管理

南京政府时期，虽然没有类似于后来 20 世纪 50 年代设在北京的"国家计划委员会"、"国家发展与改革委员会"的中央机构，但是，各级政府对所辖各机构兴土木、建设施的欲望和打算，都要调查、计划、讨论、审查、评价、协调和核定。下面就是上海、北平和重庆的做法。

（1）上海市 1929 年 5 月 21 日公布《上海特别市政府建设讨论委员会规则》，成立"上海特别市政府建设讨论委员会"。该委员会职权是：调查和计划；审查和评价；以及推进和协助市长交议或委员会自提的有关上海市建设事业的各种事项，一旦议决，再由市长做出定夺。[182]

（2）北平 1929 年 8 月设立的"北平特别市市政府工料查验委员会"[183]，职责与"上海特别市政府建设讨论委员会"的"审查和评价"基本相同，即："审查市政府及所属各机关二千元以上工程之设计与实施；一千元以上

建造活动各角色名称比较　　　　　　　　　　　　表 26

规则或合同格式名称	委托人/雇主	承揽人	建筑师/工程师	监工	保证人	政府
《建筑法》[149]	起造人/起造机关	承造人	建筑师/土木工程科工业技师/技副	–	–	主管建筑机关
《管理营造业规则》[6]	业主	营造业	–	–	出保/担保商号	主管建筑机关
北平市工务局 1935 年合同与揽单式样[222]	直接称呼雇主名称	承揽人	工务局监工员		铺保	–
杨锡镠建筑合同[218]	业主	承揽人	建筑师		保证人	–
修正南京市工程合同格式[221]	南京市工务局（甲方）	承包人（乙方）	甲方监工人员		保证人	
北平市工务局查工规则[234]	建筑人	承揽厂商				查工员
军政部营缮工程监督规则[238]	军需署或委托机关	承包人		监工员		军政部、审计部
2011 年《中华人民共和国建筑法》	建设单位发包单位	施工企业，承包单位	勘察单位、设计单位，承包或分包单位	监理单位，承包单位或分包单位		建设和劳动行政主管部门

注：本表各规则或合同格式详见下文。

材料物品服装之采购，二事项需用投标时确定其投标方法。"

该委员会由下列人员组成：

一、当然委员，以秘书长、各参事、各局局长兼充；

二、聘任委员，由市长就本市市民具有专门学识经验者聘任七人至九人；

三、委任委员，由市长就市政府及所属机关职员中委任五人至七人。

该委员会委员均为名誉职，会议决议呈由市长核定施行。

（3）重庆市政府1940年5月18日公布了修正后的《重庆市政府工程管理通则》和《重庆市政府工程审核委员会组织规程》。该通则由总则、审定工程计划、订立工程契约、报告工程进度、工程查勘、工程验收和附则，共23条组成。重庆市政府所属各机关一千元以上的工程除法令另有规定外，都要由市政府任命主任的工程审核委员会审核工程计划、招标程序和工程合同，审查进度报告，检查工程现场，以及验收五千元以上的工程。[184]1941年4月29日公布的《重庆市政府工程管理规则》提高了需审核工程的价值，也就是缩小了审核范围。

（二）咨询服务采购

本段咨询服务，指营造厂、建筑公司、建筑师、工程师等为他人进行的勘察、研究、规划、设计、估价、监督，以及其他咨询活动。政府为其工程或其他公共工程采购咨询服务的方式有，指定建筑师（工程师）、邀请招标和公开招标，不一定都公开招标。

1. 公开招标

孙中山葬事筹备委员会1925年5月15日登报悬奖征求中山陵墓图案即为公开招标。《悬奖征集图案条例》详列了陵墓范围、基本布局、建筑风格，以及建筑材料、奖金额等。为了广开才路，除了建筑师，美术家亦可应征。要求设计以30万元造价为限。应征者交纳10元保证金报名后，筹备处提供墓地摄影12幅，紫金山高度地图两幅，供设计参考。为防止将来评选时徇私舞弊，确保图案质量，《条例》规定所有图案均不得写应征真实姓名，只能注明其暗号，另信封藏应征者姓名、通讯地址和暗号，开奖时以暗号核对真实姓名。[185]

除了中山陵设计，还可举广东省政府合署为例。1932年9月22日广东省政府通过建筑广东省政府合署征求图案条例及评判章程。《广东省政府建筑合署征求图案条例》说明了合署所在地位置，提出了对建筑风格、总图布置、建筑期限、建筑费用、图样和说明书的内容、图样和说明书的密封、标记和提交方法、奖（酬）金、截止日期和图案评判等事项。《广东省政府合署图案评判委员会简章》则规定了评判委员会组成、评判准则、评判方法、确定获奖顺序的办法、评判日期和地点，以及奖金的等级与数额等事项。[186]

2. 指定

指定建筑师的公共工程，可举南京中央体育场。1930年春，浙江省政府在杭州举办了全国运动会，接着蒋介石提议组织民国二十年（1931年）全国运动大会筹备委员会，在南京举行。于是，筹委会聘请天津的基泰工程司绘图设计与监督。聘请该事务所的原因在于它设计了多处体育建筑，很有经验，建筑师关颂声是体育（建筑设计）专家。[187]

指定工程师的工程可举广东翁江水力发电厂。当时我国尚无大型电机厂，所以广东省政府直接委托德国西门子电机厂承担该厂的可行性研究与设计，并与之签订《建设翁江水电厂的测量设计合约》，并于1933年9月5日批准。西门子电机厂在该合约中的义务是：

一、提交一份详细的（可行性研究）报告，其内容有：

甲、对广东省建设厅组织的翁江水电厂测勘团的报告和各种图表进行分析；

乙、建设翁江水电厂的所有详细计划；

丙、建设翁江水电厂需要的资金和收支预算书；

丁、翁江水电厂与广州电厂连接的详细计划。

二、介绍有经验的德国工程师，经广东省政府认可后，计划和建筑水电厂。[188]

3. 邀请招标

例子仍可举翁江水电厂。在西门子电机厂提交上述详细（可行性研究）报告后，广东省建设厅在 1935 年 3 月份分别邀请若干外国有名的电机厂参加翁江水电厂的详细设计和建造合同的投标。这个工程实际上也是设计 – 建造一起外包。[189]

4. 设计 – 咨询外包

除了上面的设计 – 建造一同外包之外，还有将设计与管理服务外包的情况，例如，宁波市政府将建设老浮桥设计绘图监督等工作委托桥梁工程师王元龄。根据双方 1930 年 2 月 11 日签订的合同，王元龄（合同中称乙方）的义务如下：

一、按照下列各项之规定担任设计绘图监督等事宜：

甲、桥架全用钢质。

乙、中间桥底距最高涨潮水面四五公尺以上。

丙、车行道宽九公尺，路面用一公寸八公分厚钢筋混合土做成。

丁、两旁人行道各宽二公尺五公寸，用七公分六公厘厚钢筋混合土做成。

戊、每人行道外边设备一公尺四公寸之坚固铁栏杆。

己、桥身设备容纳路灯电线之铁管。

庚、车行道能受载重十三公吨六公石（即三万磅）之货车或相等之载重物通过。

辛、人行道每平方公尺能容四百九十公斤。惟计算桥架材料时，人行道每平方公尺只算载重二百四十五公斤。

二、详细审核各投标人提交的标单（单价

表）等项。[190]

（三）施工招标

政府或其他公共工程的施工，有自营、发包，以及自营和发包相结合的情况。

各城市工务局很多下设建筑队或工程队承担自营工程施工。

各级政府的公路、水利和其他设施，其工程处经常使用民工和兵工，这种做法也应当算是一种自营。这样的工程，经常因为规模大而分解成多个部分，有的用民工，有的用兵工，还有的发包给营造厂，这就是自营和发包相结合。例如，1937 年 8 月，全国经济委员会公路处协助西北行营组成西（安）兰（州）、西（安）汉（中）两路工程处，主持两路的路面铺筑工作，由刘如松任总工程师。西兰工程处下设 3 个总段。陕西省境内第一总段，9 月陆续开工，到 12 月底，兵工、民工完成由黄河北岸三桥至乾县间的 30.8 公里的水泥稳定土路面。乾县至第一总段终点的窑店 24 公里间的泥结碎石路面，外包给厂商，至 1938 年 2 月完工。甘肃省境内的两个总段，由甘肃省政府征调泾川、平凉、静宁、定西和皋兰等十余县民工，每日达 2 万多人，至 1939 年 8 月完成。[191]

1936 年，中央陆军军官学校李志正比较了民工和兵工的优劣。他说，"民工可分两种，一种是征工，一种是包工。先说包工的坏处、缺点：（1）包工第一个问题，……现在流行的办法，是投标制，有许多富有经验的工头，真真从事业面上着想，同时顾到自己资本，所以把标价提得很高，但是，一般毫无经验流氓式的工头，标价很低，根据法令，标价低的当选，结果不是偷工，就是减料；（2）包工的人，唯一的目的，就是赚钱，在这原则之下，勾结监工，狼狈为奸，同时一般土豪劣绅，也想乘机敲诈揩油，一层一层地剥削，所余下真真到工程上面，也有限了。……现在来讲征工的缺点：（1）没有组织；……（2）缺乏责任心；……（3）征工误农；……要解除上面的困难，唯有实行兵工制，……"[192]

发包有直接发包、公开招标和邀请投标三种。

例如，1935年12月，扬子江水利委员会将江苏省常熟的白茆闸工程直接包给了扬子建业公司。[193]

绝大多数工程施工公开招标，许多地方或部门先后为此制订了适合于本地或本部门的招标和投标规则。表27就是这些招标（投标）章程或规则的例子。须指出的是，这些规则的前面所用的"投标"和"招标"，以"投标"为多。笔者认为，称这些规则或章程为"投标章程"或"投标规则"要比称"招标章程"或"招标规则"好，无须称"招投标章程"或"招投标规则"。

于未制订者，国民政府加以催促，例如，

各地、各部门招标规则　　表27

规则名称	公布日期
京都市政公所招标承揽工料章程[194]	1921.4.4
南京特别市工务局建筑科投标章程[195]	1927
南京特别市工务局建筑投标章程[196]	1928
长沙市政筹备处招标规程[197]	1929
军政部营缮工程投标规则[198]	1929.3.30
安徽省政府建设厅工程投标章程[199]	1929.5.2
北平特别市工务局工程招标暂行规则[200]	1929.8.5
济南市工务局招商投标暂行规则[201]	1929.9.12
铁道部直辖工程局建筑铁路招标包工通则[202]	1929.11.26
南京市工务局通用工程投标章程[203]	1930.11.26
参谋本部投标规则[204]	1931.5.28
安徽省建设厅工程投标简章[205]	1931
交通部附属机关建筑工程投标细则[206]	1933.5.15
修正南京市工务局工程投标规则[207]	1935.3.5
北平市政府各局处所办理工程及招标规则[208]	1935.7.26

前文提到的审计部河南省审计处1937年7月7日致河南省政府函，函中写道："案查本省各机关修建工程，招商投标，日益增繁，……兹为防止意外故障起见，拟请贵政府转知建设厅……颁订招标通则及合同纲要，以利施行，以免流弊。"[119]也就是催促河南省颁订招标规则和合同格式。

但是，直到抗战胜利，也没有像1999年颁布的《中华人民共和国招标投标法》这样适合于全国的规则。

施工的外包又分为两种，即工料分包和工料合包两种[194]。

仅包工者有1929年11月公布的《铁道部直辖工程局建筑铁路招标包工通则》[202]。仅包料者，按道理不算施工招标，而是物料采购招标。不过，这种物料招标经常与施工紧密相连。可举《铁道部南浔铁路管理局枕木投标章程》为例[209]。

其他政府的外包工程，多数是工料合包。

1. 资格预审

虽然当时很少在招标前专门预审投标人的资格，但在实际上，也有事先了解投标人资历的。例如，从1934年3月到1936年12月，国民政府军事委员会军政部分九次审查竞投军政部工程的营造厂商资历。其原因在于"查近年各机关之建筑工程日形发展，而营造厂之设立，比比皆是，其中资本雄厚、经验丰富者固所在皆有，然组织简陋，滥竽充数者，亦数见不鲜，不严加审核，殊不足以昭郑重。"

于是，军政部在京沪汉各家报纸上刊登了几次广告，请各厂商将资历及登记执照（即曾经在各省市登记所发之执照）呈送军政部审核、登记。军事委员会和审计部都派人参加了审核。最后将合格的厂家登记在册，便于以后工程招标时确定各厂家的投标和承揽工程的资格。该名单上有来自上海和南京两地的营造厂商24家，其中甲、乙、丙级分别为18、5和1家。[210]

（未完待续）

参考文献

[177]《南京市政府公报》1935 年第 159 期统计第 186 页

[178]《南京市统计季报》1947 年第期第 12 页表四十八

[179]《南京市统计季报》1948 年第 1 期第 32-33 页表四十六

[180]《南京市统计季报》1948 年第 2 期第 29 页表四

[181]《北平市政府统计》1947 年第 5 期第 9 页

[182]《上海特别市政府市政公报》1929 年第 23 期法规第 95-97 页《上海特别市政府建设讨论委员会规则》

[183]《北平特别市市政法规汇编》,《北平特别市市政府工料查验委员会组织章程》1929 年 7 月 23 日府令公布 8 月 3 日府令修正,北平特别市市政府辑并出版,1929 年

[184]修正重庆市政府工程管理规则重庆市政府公报 1940 年第 8-9 期第 57-59 页《重庆市政府工程管理通则》以及《重庆市政府工程审核委员会组织规程》

[185]卢洁峰,中山陵设计师吕彦直,羊城晚报,2005 年 5 月 1 日,金羊网 http://www.ycwb.com/gb/content/2005-05/01/content_895453.htm

[186]《广东省政府公报》1932 年第 200 期建设第 84-110 页《广东省政府建筑合署征求图案条例》与《广东省政府合署图案评判委员会简章》

[187]《中国建筑》1933 年第 3 期第 14 页首都中央体育场建筑述略

[188]《广东省政府公报》1933 年第 235 期建设第 82-84

[189]《广东省参议会月报》1935 年第 2 期第 101-103 页

[190]《宁波市政月刊》1930 年第 3 卷第 2 期第 79-80 页

[191]《中国公路史第一册》,人民交通出版社,1990 年 6 月,第二编第八章抗日战争时期的公路第 289 页

[192]《实业部月刊》1936 年第 6 期李志正国民经济建设运动中之兵工政策

[193]《扬子江水利委员会季刊》1937 年 4 期附录第 69-73 页白茆闸工程合同

[194]《京都市法规汇编》北京市政公所编译室编 1928 年 4 月京都市政公所招标承揽工料章程

[195]《南京特别市工务局年刊》1927 年工作概况第 145-146 页《南京特别市工务局建筑科投标章程》

[196]《南京特别市市政公报补编》1928 年例规第 20-21 页《南京特别市工务局建筑投标章程》

[197]《长沙市政季刊》1929 年第 2 号规程第 29-30 页《长沙市政筹备处招标规程》

[198]《行政院公报》1929 年 36 期部令第 53-55 页《军政部营缮工程投标规则》

[199]《安徽建设》1929 年第 7 期法规第 4-6 页《安徽省政府建设厅工程投标章程》

[200]《北平特别市市政法规汇编(1929-1933)》《北平特别市工务局工程招标暂行规则》

[201]《济南市市政月刊》1929 年第 2 期法规第 12-14 页《济南市工务局招商投标暂行规则》

[202]《铁道公报》1929 年第 20 期法规第 2-4 页《铁道部直辖工程局建筑铁路招标包工通则》

[203]《首都市政公报》1930 年 73 期例规第 1-2 页《南京市工务局通用工程投标章程》

[204]《中华民国法律汇编 1933 年》第六编军事第 680-682 页《参谋本部投标规则》

[205]《安徽建设公报》1931 年第 14 期法规本省法规第 11-12 页《安徽省建设厅工程投标简章》

[206]《交通部电政法令汇刊》1933 年 2 期第三类人事 112-113 页《交通部附属机关建筑工程投标细则》

[207]《南京市政府公报》1935 年 154 期法规第 34-35 页《修正南京市工务局工程投标规则》

[208]《北平市市政公报》1935 年第 311 期法规第 15-17 页《北平市政府各局处所办理工程及招标规则》

[209]《南浔铁路月报》1932 年第 1-3 期法规第 31-33 页《铁道部南浔铁路管理局枕木投标章程》

[210]《审计部公报》1937 年第 3 期公文第 10 页

《2014年版全国一级建造师执业资格考试模拟试题及解析》

为了满足广大考生在考前冲刺阶段的复习需要，帮助考生在考前进行自我检测，强化训练，从而顺利通过考试，中国建筑工业出版社组织一级建造师考试领域的权威专家编写了这套《2014年版全国一级建造师执业资格考试模拟试题及解析》。丛书共10册，分别为：

- 《建设工程经济模拟试题及解析》
  征订号25189　ISBN号9787112251896
- 《建设工程项目管理模拟试题及解析》
  征订号25190　ISBN号9787112251902
- 《建设工程法规及相关知识模拟试题及解析》
  征订号25191　ISBN号9787112251919
- 《建筑工程管理与实务模拟试题及解析》
  征订号25192　ISBN号9787112251926
- 《公路工程管理与实务模拟试题及解析》
  征订号25193　ISBN号9787112251933
- 《铁路工程管理与实务模拟试题及解析》
  征订号25194　ISBN号9787112251940
- 《港口与航道工程管理与实务模拟试题及解析》
  征订号25195　ISBN号9787112251957
- 《水利水电工程管理与实务模拟试题及解析》
  征订号25196　ISBN号9787112251964
- 《机电工程管理与实务模拟试题及解析》
  征订号25199　ISBN号9787112251995

- 《市政公用工程管理与实务模拟试题及解析》
  征订号25197　ISBN号9787112251971

本套丛书与我社出版的全国一级建造师《考试大纲》、《考试用书》、《考试辅导》及《应试指南》互为补充，又环环相扣，各具特色，能分别满足考生在不同阶段的复习需要。本套丛书具有以下特点：

命题严谨、难度适中。本套丛书以大纲、教材为依据，以考试重点、难点为主线，以往年考试规律分析为基础，按照最新大纲公布的考试题型、题量、分值和难度，每个科目为大家精心编写了6套模拟试题，是考生在考前检验复习效果的良好素材。

权威专家执笔编写。本套丛书由我们组织建造师考试领域的权威专家执笔编写。专家在全面研读建造师往年考试的规律后，力争将考试命题的趋势融进模拟试题中，帮助考生进行高质量的考前实战训练。

答案准确、解析详实。答案经过多次细心校对，最大程度保证答案的正确性。同时，书中对每道题目都进行了全面、深入、细致的解析，力争帮助考生举一反三、触类旁通。

将本书与我社出版的《考试大纲》、《考试用书》、《考试辅导》及《应试指南》配合使用，可以加深对考试内容的理解和掌握，达到事半功倍的复习效果。

营销中心电话：58337346　58337208